獻給

追光之旅中

所有曾並肩前行的人

追光之旅

你所不知道的同步輻射

許火順、林錦汝 ———— 著

追光之旅
你所不知道的同步輻射

目錄

序　　不只光芒萬丈，更要照耀遠方　　李遠哲　　6

　　　點亮台灣之光　　吳政忠　　8

第一部
世紀之光

10

1　解開科學神燈之謎
認識同步輻射　　12

2　探索期
全球同步光源百花齊放　　22

3　播種期
在黑暗中摸索光明　　25

4　耕耘期
建立自主運作模式　　37

5　萌芽期
綻放第一道光芒　　48

6　成長期
開啟國際競合新局　　62

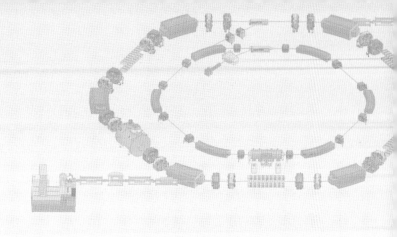

7　茁壯期
　　台灣光子源再造輝煌　　　　　　　　　75

8　開展期
　　打造世界級科研重鎮　　　　　　　　89

第二部
追光的先行者
98

1　台灣基礎科學耕耘者
　　注入科技活水——浦大邦　　　　　　100

2　台灣同步輻射推手
　　提升華人研究水準——袁家騮　　　　108

3　東方居禮夫人
　　為台灣奠立科研基石——吳健雄　　　116

4　卓越領航科學家
　　建立典範與跨域合作模式——李遠哲　122

5　樹立科學標竿
　　勇敢與眾不同——丁肇中　　　　　　129

6　世界級加速器先驅

建立台灣加速器雛型 —— 鄧昌黎　　135

7　學界與政府的橋梁

調和鼎鼐締造科研利基 —— 陳履安　　141

8　知其不可為而為之

開啟台灣物理研究新頁 —— 閻愛德　　148

9　加速器技術扎根台灣

掌握加速器發展關鍵 —— 劉遠中　　158

10　與夢想的光芒同行

群策群力打造科研舞台

—— 鄭伯昆、鄭國川、張秋男　　164

11　跨海相挺的外籍科技導師

扶植台灣技術力—— 威尼克、韋德曼　　172

12　世界級的影響力

打造台灣科學神燈 —— 陳建德　　181

13　小池塘裡的大魚

擴大國際影響力—— 梁耕三　　190

14　從使用者變推動者

擴展應用與人才培育

—— 張石麟、王瑜、王惠鈞　　197

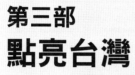

第三部
點亮台灣

206

1   從石斑魚到人腦圖譜
打開生醫研究的福爾摩斯之瞳   208

2   突破摩爾定律
推進半導體產業的關鍵光源   217

3   從人工光合作用到防疫尖兵
為地球築起綠色防線   224

4   破解半世紀科學難題
開展光電產業的日常應用   229

5   從防彈衣到人工骨材
破解仿生材料的祕密   236

6   從恐龍演化到工藝之謎
探索文明奧祕的魔法   244

7   粒子加速器化身手術刀
癌症治療的神兵利器   255

8   從加速器到醫療應用
精密磁鐵技術打造科學聚光燈   260

結語   **追光，代代傳承**   267

跋   **與光同行**   273

序 不只光芒萬丈，
更要照耀遠方

李遠哲 · 中央研究院前院長

1979 年，國家科學委員會物理中心舉辦原子與分子科學研討會，探討國家研究的大方向；1982 年，國科會成立同步輻射可行性研究小組，評估台灣發展同步輻射的可行性；1983 年，行政院同意建造同步加速器，並成立指導委員會；2003 年，同步輻射研究中心改制為財團法人，成立董事會……，一路走來，我很榮幸能夠親身參與，看見台灣從缺乏加速器經驗到一步步完成台灣光源、台灣光子源兩座同步加速器，也看見台灣從沒有同步輻射使用者，到如今每年來自全世界逾萬人次的研究團隊，利用兩座光源在各科學領域做出貢獻。

同步輻射能夠在台灣順利發展，我認為一開始政府的支持與幕後認真規劃的科學家們的努力是首要因素。

同步輻射具有超高亮度、超微聚焦與高同調等特性，可以在極短時間內解析物質特性或結構，是非常優異的科學研究與技術開發工具。但是，要擁有這樣的利器，初期投資所費不貲，在八〇年代，如果政府沒有充分的決心，不可能做到；而促使政府下定決心的科學家們的說服工作，則更令人讚賞。

其次，是國外專家的協助和本地人才的培養。第一座同步加速器台灣光源的建造過程，大力邀請許多世界級的專家學者前來，他們不吝提供協助，幫助台灣團隊訂定規格、審查工程技術問題，並幫忙培

養人才，這些人才到了第二座同步加速器台灣光子源建造時，成了團隊中堅份子，主導規劃、設計與興建。

在這段過程中，早期許多海內外華人的參與，同樣貢獻卓越。海外科學家，例如：浦大邦教授、袁家騮院士與吳健雄院士、鄧昌黎院士、丁肇中院士；國內前輩或菁英，包括：中研院錢思亮與吳大猷兩位院長、李國鼎政委、閻振興主委、蔣彥士祕書長、張明哲主委、陳履安主委等人，大家從科學政策面推動與訂定方向。此外，另有由閻愛德教授、劉遠中教授所帶領的國內團隊，從無到有，讓技術在國內扎根。

有了第一座加速器的建造經驗，陸續返台的科學家們，例如：陳建德院士、梁耕三主任……，與國內人才一起將台灣光源推上媲美國際級頂尖光源的水準，再挑戰建造完成高難度的第二座加速器台灣光子源。

這是一個在台灣科學發展史上，國內外合作與世代經驗傳承的成功範例。

籌建台灣光源及台灣光子源的過程，我們獲得許多海外專家協助，國家同步輻射研究中心能夠有今天的成就，全球同步輻射社群的無私分享功不可沒。

在過去幾年，很高興看到中心在國際社群逐漸扮演技術輸出與回饋的角色，幫助其他國家發展同步輻射，或透過與世界各地專家共同研究或組成聯盟，啟發更多創新的可能。

人類的知識，還有極大的拓展空間。當年台灣光源試車成功，我寫下「光芒萬丈」四個字，如今我更期待，台灣光源與台灣光子源可以成為更多科學家的科研利器，照亮遠方，探索更廣袤的未知世界，並造福人類社會。

序　**點亮台灣之光**

吳政忠・科技部部長

台灣光源（Taiwan Light Source, TLS）及台灣光子源（Taiwan Photon Source, TPS），除了在台灣基礎科學研究中扮演重要的角色，同時也帶動前瞻技術及應用的發展。

在同步加速器中所產生的奇異亮光，帶給基礎和應用研究多元的可行性及可能性；涵蓋的研究領域廣至物理科學、生命科學和工程領域，研究議題包括光與物質的相互作用、材料科學、環境科學、化學、生物化學、醫學甚至考古等各式研究。在建造加速器光源與光束線的過程中，落實系統工程技術的生根，也在磁鐵、真空、精密儀器、自動控制等技術方面，協助台灣相關產業技術的升級。

本書《追光之旅：你所不知道的同步輻射》，開篇先介紹了台灣同步輻射發展的歷史，提到十餘位對這段歷程貢獻卓越的科學家，他們以遠見卓識及坦率超然的態度，對台灣建造這項基礎研究設施的關鍵決策做出努力及重要判斷。

接續提到決策之後的多位主任、光束線科學家、工程師、研究人員，以及科技部（前身為國科會）的經費補助等相關人員的辛勤工作及奉獻，造就了現今大家所認知的台灣之光。

本書談到的同步加速器光源，正是促進基礎科學研究的利器。

許多過去看不見、測量不到的自然現象，如今都有機會能更清楚

掌握,也因此每年吸引兩千多位國內外科學家(用戶)前往同步輻射研究中心,進行基礎科學研究與尖端科技創新,讓世界各地與台灣的科學人才能共同合作,發掘、探索新的研究議題,更可以透過這樣的基礎研究設施,培育下個世代卓越的研究人才。

藉由本書的介紹,我希望可以吸引更多對科學有興趣的讀者投入相關領域研究,也讓台灣各界更加重視基礎研究與關鍵技術的開發。面對全球科技產業的強烈競爭,也期待台灣企業的研發團隊善加利用,改善製程、縮短技術開發時程,提升產業的創新研發。

從台灣光源到台灣光子源,是當之無愧的「台灣之光」,我期待未來台灣光子源陸續建置完成光束線實驗設施後,能點亮更多不同領域的科學、產業與應用的「台灣之光」,帶領台灣在世界發光。

第一部

世紀之光

同步輻射光源的出現，帶來革命性的變革，

在二十世紀末葉，成為不可或缺的科學神燈。

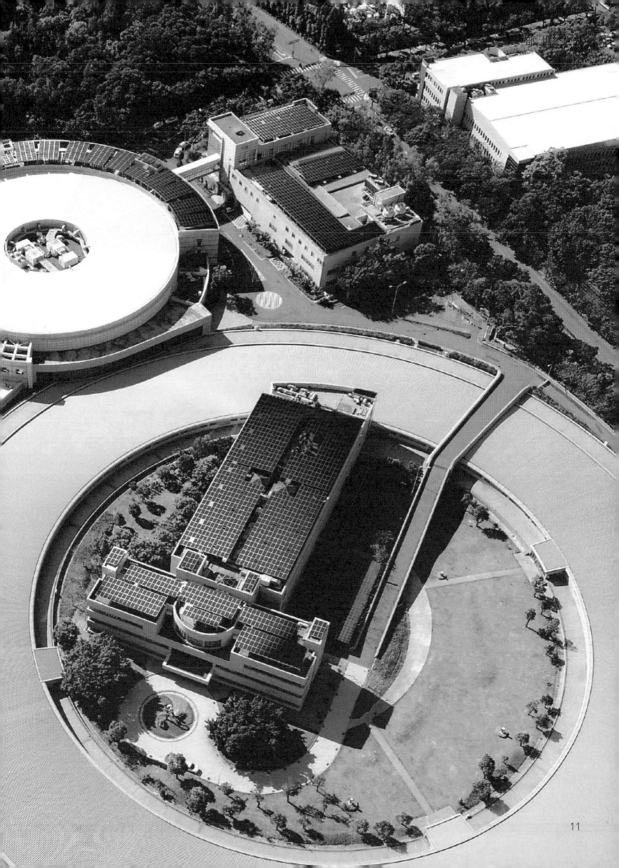

1 解開科學神燈之謎
認識同步輻射

　　早上起床，窗外的陽光灑進屋內。打開手機查看今天的行事曆，用微波爐加熱牛奶，吃完早餐出門搭捷運，經過紅外線掃描儀確認體溫正常才可進站……

　　生活裡，舉凡陽光中的紫外線、手機的無線電波訊號、微波爐的微波、體溫感測儀的紅外線……，無處不是「光」。廣義來說，所有電磁波都可以稱為「光」。「光」帶給人們的影響，遠遠超乎你我想像。

遇見那道光

　　在電磁波頻譜上，依波長能否為肉眼接收，將光分為可見光與不可見光。紅、橙、黃、綠、藍、靛、紫光的波長，是人眼能夠接收的電磁波，也就是可見光，構成我們眼中的美麗世界；無線電波、微波、紅外光、紫外光、X光與伽瑪射線等的波長，人眼無法接收，也就是不可見光。

　　在科學領域，光，一直是科學家用來觀察自然界的工具，但光的本質，也是科學研究的重要對象。

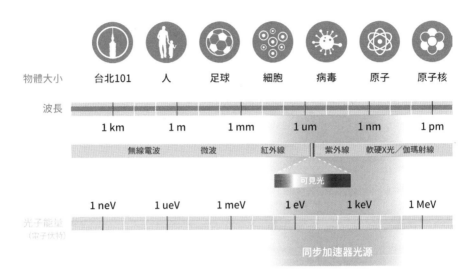

電磁波頻譜與同步輻射光譜範圍

| 物體大小 | 台北101 | 人 | 足球 | 細胞 | 病毒 | 原子 | 原子核 |

波長：1 km　1 m　1 mm　1 um　1 nm　1 pm

無線電波　微波　紅外線　紫外線　軟硬X光／伽瑪射線

可見光

光子能量
(電子伏特)：1 neV　1 ueV　1 meV　1 eV　1 keV　1 MeV

同步加速器光源

在電磁波家族中，不同波長各有適合研究觀測的應用。（圖／國輻中心提供）

在電磁波家族中，依波長長短排列，各有適合研究觀測的應用，例如：無線電波的波長最長，適合用來觀察宇宙恆星的世界；其次為微波，常用於觀測飛機、船艦和颱風；大家所熟知的紅外線，應用於夜視系統和飛彈追蹤熱源；另有紫外線，常用於觀察氣體分子及凝態物理電子結構；X光，則是透視物體影像和研究晶體結構極佳的工具；至於波長最短的伽瑪射線，則可用來探索原子核內的世界。

根據電磁學理論，當帶電粒子以接近光速運行，受到磁場作用而發生偏轉，就會因相對論效應，沿著偏轉的切

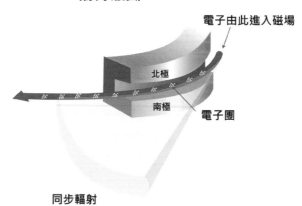

同步輻射偏轉磁鐵運作示意

偏轉磁鐵

電子由此進入磁場

北極

南極

電子團

同步輻射

當電子以接近光速運行，受到磁場作用發生偏轉，就會因相對論效應，放射出同步輻射。（圖／國輻中心提供）

線方向，放射出薄片狀的電磁波，產生同步輻射，涵蓋紅外線、可見光、紫外線、軟 X 光與硬 X 光。

不過，發現同步輻射，其實是一個偶然。

關鍵 1947

高能物理學家為了找尋基本粒子與探索宇宙本質，建造粒子加速器，讓高速的帶電粒子碰撞物質來找尋比原子更小的粒子，這是三〇年代物理界最夯的研究主題之一。

1929 年，美國物理學家勞倫斯（Ernest Lawrence）發明了迴旋加速器，成為粒子物理學的重要工具，靠著高能

粒子碰撞標靶元素的原子核而獲得關鍵資訊，科學家可藉此了解組成物質結構的最小單元——基本粒子。

然而，迴旋加速器雖然能把粒子加速到極快，但仍遠低於光速，因此稱為「非相對論的加速」；隨著科技進步，同步加速器[1]可以讓粒子加速到接近光速，這時相對論效應便不可忽略，可以稱之為「相對論的加速」。

1947 年，在美國奇異公司一座 7 千萬電子伏特（70 MeV）的同步加速器上，幾位科學家在操作過程中，無意間看見透明真空管中出現一縷藍白色的光。因為這是由同步加速器中輻射出來的光，發現者便將它命名為「同步加速器輻射」，簡稱「同步輻射」，從此開啟了同步加速器的另一個科學應用領域。

探索微觀世界的利器

大家都知道，光線是否充足對拍照品質有決定性影響，戶外拍照比起昏暗的室內容易拍到漂亮的相片；然而，光的亮度，對科學實驗也非常重要。

同步輻射是當今世上最亮的光，它的光通量及光亮度都遠優於傳統光源。

---

1 為了讓電子加速時仍然保持在固定軌道上，科學家必須一面加速電子，一面增加轉彎磁鐵的磁場。這兩者必須同步進行，因此稱為同步加速器。電子在固定軌道上運行，可以持續加速幾十萬次，因而能加速到更接近光速。

正因如此，過去科學家因實驗光源亮度不夠而無法探測的結構，現在藉由同步輻射都能分析得一清二楚，而原本使用傳統 X 光機可能需要幾個月才能完成的實驗，如今則僅需要幾分鐘就能取得漂亮的實驗數據。

簡言之，同步輻射是在固定軌道上運行的高速電子因磁場作用而偏轉的過程中，所輻射出來的電磁波。相較於其他光源，利用偏轉磁鐵產生的同步輻射，能譜範圍更寬廣，而且擁有高亮度、高穩定度、高準直度、光束截面積小、波長連續、具有時間脈波性與偏振選擇性等特色，輻射強度和功率都可由電磁學的理論計算預測，大幅提高實驗效率和準確度。

同步加速器光源（簡稱同步光源）是指為了產生供科學實驗的同步輻射所建的設施。一般而言，同步光源會採用兩座同步加速器來產生高品質的同步輻射。第一座加速器把電子加速到接近光速，稱為「增能環」；達到特定能量的電子送進第二座加速器後，不再額外加速，僅維持電子的能量，相當於把這些電子「儲存」起來，累積到足夠的電流量，再利用所產生的光做實驗，因此稱為「儲存環」。

這段過程，電子束在每一圈的運行中，都會在偏轉磁鐵切線方向或插件磁鐵下游放出同步輻射，而儲存環中的超高真空環境，讓帶電粒子束不易被其他分子散射，並且有精準的回饋系統，因此光源穩定，容易控制實驗條件，且可聚焦在很小的實驗樣本上，成為科學研究的利器。

在二十一世紀的現代,同步光源的重要已毋庸置疑,然而它並非一開始就受到科學家青睞,甚至還曾遭到嫌棄。

從附屬品到建置專用設施

從五〇年代至今,同步光源的角色,歷經幾個不同世代的演進。

第一代的同步光源,是與高能物理研究的同步加速器共用,但兩者的研究需求並不相同,甚至背道而馳。

產生同步輻射的過程會損失能量,但在高能物理研究中,並不希望粒子碰撞前產生非必要的能量損失,否則電子束的軌道與功率都會因而改變,所以當時的科學家其實十分討厭「成事不足、敗事有餘」的同步輻射。

不過,在隨後的十年裡,一些科學家逐漸發現,高能物理實驗不用的電磁波其實可以當成頗有價值的光源,運用於光學及探測、生物醫學、材料科學、地球科學、環境科學等基礎和應用研究,從此改變了同步輻射「寄生」在高能物理實驗之下的命運。

到了七〇年代,科學家逐漸體認到同步輻射有其優異性,開始想要開發專用的光源設施,獲得更亮、更聚焦的光束,於是先進國家紛紛開始興建專門為產生同步輻射的第二代同步加速器。

第二代同步光源將增能環與儲存環分開,出光品質較佳,使同步輻射的應用更廣泛、更多樣化;隨著帶電粒子

的速度愈接近光速，輻射就愈集中，發出的電磁波涵蓋整
個電磁波頻譜，從紅外光、可見光、紫外光、低能量的軟
X 光到高能量的硬 X 光及伽瑪射線。

　　八〇年代之後，科學家開始意識到儲存環的長直段更
重要，可以加入插件磁鐵，讓電子由偏轉一次變成多次偏
轉，並且壓低束散度，產生更強、更亮的光束，這就是第
三代同步光源。

近代科研最具影響力的光源

　　半個多世紀過去，目前全世界供實驗用的同步光源設
施已經超過七十座，其中第三代加速器多於 1990 年後陸續
建造完成，各國在同步光源設施的建造能力及研究成果，
也成為國家高科技研發實力的重要指標之一。

　　到了 2015 年，同步光源的發展達到物理極限，進入第
四階段，成為採用多重轉彎磁格 [2] 的同步加速器，可以將電
子束的束散度減少百倍，直到觸及繞射物理極限。

　　束散度減少百倍，意謂光點更集中，光亮度可以提高
百倍，從事奈米級光點研究；同時，光的準直性與同調性 [3]
也大幅提高，可以發展許多新的科學實驗技術。

2　磁格是指控制電子在同步加速器運行的磁鐵布局，包括：二極磁鐵、四極磁鐵和六極磁
　　鐵等不同的排列組合。
3　指一束光裡各個光子的波長與方向一致的程度，宛如一群人踢正步，步伐、方向與步調
　　要一致，可應用於超高空間解析度的 X 光影像技術。

同步輻射插件磁鐵運作示意

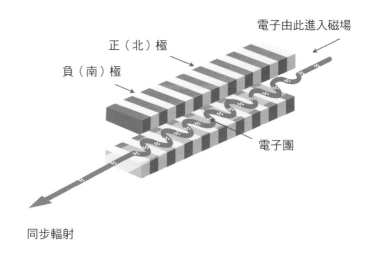

插件磁鐵讓電子由偏轉一次變成偏轉多次，並且壓低束散度，使產生更強、更亮的光束。（圖／國輻中心提供）

　　受惠於同步光源的快速發展，研究人員得以擴展許多新的研究領域，包括：材料、生物、醫藥、物理、化學、化工、地質、考古、環保、能源、電子、微機械、奈米元件等最尖端的基礎與應用科學研究，所獲得的成果對人類科技創新與生活便利帶來諸多貢獻。

　　隨著愈來愈多科學家使用同步輻射獲頒科學界最高榮耀的諾貝爾獎，有人稱它為現代的「科學神燈」，也是二十世紀以來科技研究最重要的光源之一。

同步光源主要設備介紹（以台灣光子源示意圖為例）

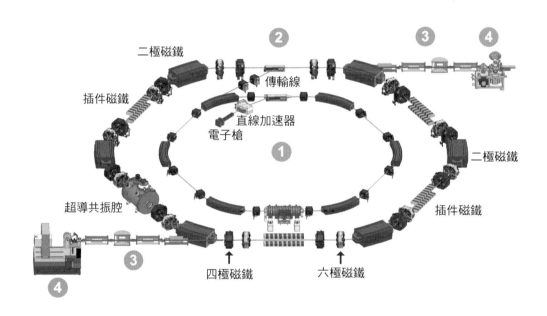

由注射器產生的高速電子，經由傳輸線進入儲存環，電子在環中經過偏轉磁鐵或插件磁鐵而產生光，藉光束線導引到實驗站，科學家便可使用這束光進行各類實驗。（圖／國輻中心提供）

1. **注射器（包括電子槍、直線加速器與增能環）**

   電子束由電子槍產生後，經過直線加速器加速至能量為
   1 億 5 千萬電子伏特，電子束進入周長為 496.8 公尺的
   增能環後，繼續增加能量至 30 億電子伏特，速度非常
   接近光速（0.999999986 倍）。

2. **儲存環**

   電子束從注射器經由傳輸線進入二十四邊形設計、周長
   為 518.4 公尺的儲存環後，環內一系列磁鐵導引電子束
   偏轉並維持在軌道上，如此一來，電子束便能於每一圈
   的運行中，在偏轉磁鐵切線方向或插件磁鐵下游產生光
   束。由於電子會因產生光而損失能量，因此環內裝置超
   導高頻共振腔系統，用來補充電子的能量。

3. **光束線**

   光束線是同步加速器與實驗站之間的一座橋梁。理論
   上，在每一處電子偏轉處或插件磁鐵的直線下游，都可
   以打開一個窗口，利用光束線將同步輻射引導出來，進
   入實驗站。

4. **實驗站**

   科學家依據實驗需求設計各種儀器，使用同步輻射進行
   各類科學研究。

2 探索期

全球同步光源
百花齊放

　　自六〇年代開始，世界各國相繼展開同步輻射應用的可行性研究，包含美國、日本、歐洲各國都積極投入。不過，剛起步時，同步輻射研究屬於「非主流」實驗，只能利用高能物理研究的空檔進行，是不折不扣的「附屬品」，光源品質並非很好。

　　最早的同步光源並沒有儲存環的設計，電子束也不受控制，在軌道上亂竄，導致輻射強度和方向不穩定，為實驗帶來許多不便和危險。

　　做為高能物理研究用的加速器，一旦將粒子加到所需速度，隨即進行碰撞，一切歸零；相對地，做為同步輻射研究的加速器，則需要使粒子穩定保持在最高速度，因此需要儲存環儲存高速運動的粒子，維持穩定運行。

　　世界上第一個儲存環，於 1961 年誕生在義大利弗拉斯卡蒂（Frascati），直徑僅 65 公分，具備儲存高能電子的能力；1968 年，美國威斯康辛大學的加速器退役，改造為專屬同步輻射研究的儲存環，成為能夠提供穩定、高亮度的

連續光譜之同步光源。

從此，科學家見識到同步光源的發展潛力，引起物理、化學、生物、材料科學界的注意，也讓各國科學機構高度關注。

遍地開花的八〇年代

1980 年前後，各國紛紛開始建造專門產生同步輻射的同步加速器。

日本東京大學固態物理研究所建造了 SOR-RING，於 1975 年左右完成，這是第一座第二代的專屬同步光源。之後，到了 1982 年，日本又興建第二座同步光源光子工廠（Photon Factory）。

美國方面，美國國家科學院在 1976 年組織委員會，評估同步輻射的發展潛力，認為：同步輻射對學術界和產業界都深具價值。因此，委員會建議，美國國會應編列專款，建造三座同步輻射實驗中心。其中，在布魯克海汶國家實驗室（Brookhaven National Laboratory, BNL）興建的兩座國家同步輻射光源（National Synchrotron Light Source, NSLS），分別於 1982 年及 1984 年正式運行真空紫外線（VUV）環與 X 光環。

此外，美國其他地區也先後改建或新建了幾座知名的同步加速器光源，包括：史丹佛直線加速器中心（Stanford Linear Accelerator Center, SLAC，現為史丹佛國家加速器實

驗室）下的 SPEAR（Stanford Positron Electron Accelerating Ring）成立同步輻射實驗室（Stanford Synchrotron Radiation Laboratory, SSRL）、康乃爾大學也設置高能量同步輻射源（Cornell High Energy Synchrotron Source, CHESS）。

歐洲方面，則有英國同步輻射源（Synchrotron Radiation Source, SRS）、法國奧塞環（ Anneau de Collisions d'Orsay , ACO）、德國柏林同步輻射儲存環（Berlin Electron Storage Ring Society for Synchrotron Radiation, BESSY）等，也在這段時期陸續開始運轉。

中國大陸方面，北京已有一座第一代同步加速器北京正負電子對撞機，並於合肥開始興建一座第二代同步光源設施。

回顧全球同步光源發展，八○年代前後，可說是百花齊放時期，興建完成的同步光源主要以第二代光源為主，第三代光源的競爭則剛要開始。

在這樣的背景下，台灣旅美科學家與國內學者也看到同步輻射的發展契機，相互串連，呼籲台灣應加入興建大型同步輻射設施的行列，讓台灣在科學研究的世界地圖上綻放光芒。

那是雄心壯志夢想的起點，也是千頭萬緒挑戰的開始。

一　行政院國家科學委員會同步輻射可行性研究小組（1982.11）。《同步輻射可行性研究報告》。新竹：國家同步輻射研究中心。

3 播種期
在黑暗中摸索光明

八〇年代之前，台灣投入科學研究的資源不多，科研環境如同亟待開墾的荒漠，必須灌注大量養分，才能滋潤生命的成長。

面對這種狀況，國內學者不禁憂心忡忡──台灣未來的科學發展將何去何從？

臨淵羨魚不如退而結網。當時適逢行政院國家科學委員會（簡稱國科會）物理中心尋求改組，科學界集思廣益，討論台灣未來的科研發展方向。此時，「同步輻射」彷彿一道曙光，指引出一條可行之路。

原子與分子科學研討會凝聚共識

一切，從一場國際研討會開始。

1979 年 8 月 23 日至 25 日，物理中心舉辦「原子與分子科學研討會」。現在看起來，好似稀鬆平常的國際會議，但把時空拉到四十多年前，大型國際科學會議在台灣舉辦，邀請十位海外學者一同參與，可是一件破天荒的大事。

1979年，物理中心舉辦原子與分子科學研討會，首開台灣舉辦大型國際研討會先河。
（圖／國輻中心提供）

關於同步輻射的重要建議，在這場研討會後誕生。

研討會後接著舉辦了一場「未來的方向——機會與挑戰」座談會，與會學者審視國內外新興科技趨勢和台灣經濟條件，提出兩大建議：發展原子與分子科學、建造同步輻射加速器。

這場會議能夠順利舉行，背後有兩位最重要的推手，一是時任美國加州大學河濱分校物理系系主任、倡議台灣應興建同步輻射設施的浦大邦，二是清華大學物理系系主任、當時兼任物理中心主任與物理學會理事長的閻愛德，而當時講員之一的李遠哲，以及其他與會的劉遠中、鄭伯昆、張圖南、劉源俊等人，後來也都成為同步輻射研究中心（簡稱同步輻射中心）籌建的參與者。

在浦大邦的積極聯繫安排下，1980年10月，閻愛德獲邀參與由美國物理學會主辦的「以物理為焦點之科學與

其發展」研討會。會議主持人是美國物理學會前會長吳健雄，共邀請二十多國物理學會負責人討論國際合作事宜。

藉由這次機會，浦大邦和閻愛德積極建立與國際科學界友人的交流管道，閻愛德並在會中發表演講，說明台灣物理研究現況，也提及「可建如同步輻射設施，來當自己國家及鄰近小國家的共用設施，以促進科學交流和進步」。

會後，吳健雄秉持科學家的嚴謹精神，特別詢問閻愛德，台灣政府有沒有充足的經費建造如此大型的設施，並針對同步輻射發展充分交換意見。[二]

與此同時，物理中心的改組作業仍在持續。

1980 年 12 月，物理中心召開改組座談會，由時任清華大學理學院院長劉遠中擔任主席。會中做出結論，台灣應集中資源，發展深具潛力、可行性高的大型計畫，並成立「研究發展籌備委員會」與「組織籌備委員會」兩個任務編組，分別討論研究方向及組織架構，而同步輻射正是研究發展籌委會決議的未來發展重點方向之一。[三]

爰引外力，闡明同步輻射重要性

八〇年代，有幾位旅美科學家十分關心台灣科研發展，包括：吳健雄、袁家騮、丁肇中、鄧昌黎、李遠哲等人，浦大邦積極串連，發揮他們的影響力，讓台灣科學界與政府高層理解，同步輻射對台灣科研發展的重要性。

1981 年 4 月，美國紐約州立大學石溪分校教授高亦涵

向行政院科技顧問組（行政院科技會報前身）建議，在台設立與美國 NSLS 相仿、規模略小的同步輻射設施。[四]

同年 9 月，時任中央研究院（簡稱中研院）院長錢思亮將前往美國主持海外院士會議，行前浦大邦特別拜訪錢思亮。

「台灣沒有足夠的財力與人力，若冒然發展高能物理恐怕沒有競爭力，發展凝態物理的基礎也相當有限，」本身就是高能物理專家的浦大邦先鋪陳台灣「不可為」之處，隨後提出正面建議——台灣應該投資正「夯」的原子與分子科學，以及正在萌芽的同步輻射研究。倘若能夠這樣做，未來，台灣還有機會占得一席之地。[五]

錢思亮赴美後，在美東院士會談中，袁家騮與吳健雄向錢思亮建議：「台灣可建造一座同步加速器，不但可供做物理、化學、生物、電子工業、計算機工業等研究工具，並可用以訓練技術科學人才，而非僅限於純粹科學研究。」

沒有偏聽，也沒有畏懼挑戰，錢思亮詢問多位相關領域院士意見，得到頗為一致的肯定答案，再加上浦大邦的專業建議，以及袁家騮、吳健雄、李遠哲等頂尖專家的參與，他對台灣發展同步輻射的支持也更加篤定。

得知消息後，許多海外學者紛紛響應，譬如，當時旅美加速器專家翁武忠、謝啟淮與外國同事柯林斯基（Samuel Krinsky），在 1981 年 10 月共同撰寫一份建議書〈電子同步輻射實驗中心芻議〉，正本交給當時的國科會自

然處處長林爾康，副本交給錢思亮、時任科學發展指導委員會（簡稱科導會）主任委員吳大猷等人。

　　建議書中，不僅傳達支持興建的想法，更具體提出設計規格為 8 億電子伏特同步加速器，工程經費約 500 萬美元（當時約新台幣 1.8 億元）等建議。[六]

加速進行可行性評估

　　1981 年 10 月，物理中心研究發展籌委會舉行第二次會議時，對於是否建置同步輻射加速器的意見已趨一致，便由劉遠中代表，向時任國科會主委張明哲提議，以同步輻射設施為大型計畫的第一優先；隔年 1 月，國科會正式成立同步輻射可行性研究小組，成員包含召集人劉遠中，以及鄭伯昆、閻愛德、張秋男、鄭國川。

　　國科會訂下目標，希望可行性小組在九個月到一年內完成評估，提交報告。

　　僅有不到一年的時間，可行性研究小組必須跟時間賽跑。前後參訪許多國外設施，開了四十多次會，廣泛蒐集國內外同步輻射相關資料，同時還有許多對內、對外事務需要聯繫。

　　對外，聯繫同步輻射領域的海外學人、各實驗室及相關廠商，了解國際能提供的支持，並前往國外考察、參觀設施，同時也邀請海外專家來台講學。

　　對內，與相關研究機構和研究人員溝通聯繫，掌握台

灣科技界能提供的資源，並且舉辦研討會，邀請專家學者及潛在用戶與會，向台灣學術界、產業界介紹同步輻射的原理及應用，也讓大家了解台灣籌建同步輻射設施的必要。

然而，儘管支持興建同步輻射的聲浪愈來愈大，但國內反對的意見從未停止——所需資金、資源如此龐大，是否會排擠有限的科技預算？

「今天不做，明天就會後悔！」七〇年代，台灣推動十大建設時，時任總統蔣經國曾經如此說。同樣的概念，套用在同步輻射的發展，亦如是。

部分學者認為，台灣科技界相較於先進國家，無論從質或量考量，都尚未迫切需要高科技設施，尤其是科技工業與人才並未到位，興建同步輻射的時機尚未成熟，可以

同步輻射可行性研究小組成員劉遠中（右）、閻愛德（左）在浦大邦（中）協助安排下，到國外設施參訪。（圖／國輻中心提供）

先用小額預算充實現有研究設備，如：電子顯微鏡，等到客觀環境條件成熟、科學界有迫切需求時再興建也不遲。

逐步凝聚學界共識

為了凝聚學界共識，可行性小組於 1982 年 7 月 16 日至 17 日，在台灣大學舉辦同步輻射應用研討會，邀請李遠哲、張圖南、美國史丹佛直線加速器中心威尼克（Herman Winick）、美國埃克森美孚（EXXON）物理研究室艾森柏格（Peter Eisenberger）、法國奧塞直線加速器實驗室賈寧（Joël Jenin）等多位海外學者，介紹同步輻射在物理、表面化學、生物、化學、原子與分子科學各方面的研究，逾一百四十人出席。

其中，威尼克對可行性小組談到，台灣雖然沒有興建加速器的經驗，也缺乏強而有力的領導，但推動這項計畫對台灣很有意義，且看起來有希望成功。

他提出三大理由：第一，看起來台灣有足夠的科學家可以利用同步輻射設施，並應用到不同領域；第二，同步輻射設施會成為新的誘因，使工業界在附近設廠，或使現有工廠擴充產能；第三，同步輻射設施可培養學生，減少學生出國求學的人數，甚至吸引國外專家學者回國。[七]

會後，共識逐漸往上層凝聚，讓同步輻射設施的籌建出現曙光。

經過資料蒐集、國外考察、國際研討等歷程，可行性

研究小組於 1982 年 11 月底提出《同步輻射可行性研究報告》，力陳台灣建造同步輻射設施的迫切與必要，包括：提升科研與工業技術水準、培養科研領導人才、促進海外學人回流及向心力、提高台灣的國際科學地位等，並強調這項計畫可做為今後策劃推進大型計畫的楷模。最終的結論，便是建議政府籌建同步輻射設施。[八]

產業優先，政院卡關

學界的意見漸趨一致，但行政單位的歧見仍未化解。這樣的阻力，來自科學界與產業界之間的拉扯，背後更涉及台灣科技發展兩大勢力「北派吳大猷」與「南派李國鼎」的角力。為了打破僵局，浦大邦積極溝通協調，發揮關鍵影響力。

當時的科導會主委吳大猷，與擔任政務委員、行政院科技顧問組召集人的李國鼎，分別透過國科會及科技顧問室督導科技政策方向，頗有分庭抗禮的味道，兩派分別著重基礎科學與產業經濟，對同步輻射計畫的態度也不一致。

吳大猷，從頭到尾都力挺同步輻射，但李國鼎起初並不十分贊成。

1982 年 7 月，李國鼎提出八項重點科技，同步輻射並未列名其中。

他的態度是從大局思考，認為國家應該集中資源支持應用導向的科技，而非基礎科學研究，且台灣根本不知道

如何興建及應用同步輻射，因此主張補助科學家到國外使用現有設施即可。

李國鼎持保留意見，連帶也影響到行政院的決定。

1983 年 1 月，可行性研究報告經國科會聘請的評審諮詢委員會評估，包含吳健雄、袁家騮、丁肇中、李遠哲、浦大邦、鄧昌黎，六位旅外科學家都認可報告中的大部分內容，建議建造同步輻射設施，但計畫卻在行政院卡關。

來自最高層的指示

走到此刻，似乎只差臨門一腳。浦大邦綜觀全局，決定透過一位父執輩、時任原子能委員會（簡稱原能會）主委閻振興，助他一臂之力。

1983 年的某一天，浦大邦邀請李遠哲前往拜訪閻振興，浦大邦開口就問：「閻伯伯，我們同步輻射中心的可行性小組評估這麼久，總是推動不了，該怎麼做？」

在官場歷練多年的閻振興不假思索便說：「這件事要總統點頭。」

在閻振興指點下，浦大邦決定邀請袁家騮與吳健雄夫婦返台，當面向時任總統蔣經國建議籌設同步輻射中心。[九]

時機很快到來。1983 年 3 月舉行的第二次「原子與分子科學研討會」，在浦大邦穿針引線下，袁家騮與吳健雄答應返台參加會議，浦大邦請總統府祕書長馬紀壯安排這兩位科學家晉見蔣經國。

　　不僅如此，浦大邦還發揮巧思，先讓袁家騮與吳健雄於會談時提出建議建造同步輻射，徵得蔣經國明確表態，不反對同步輻射發展，之後立刻直奔行政院拜會時任院長孫運璿。

　　果然，孫運璿表示，總統同意了，行政院自然照辦。

以專業說服專業

　　浦大邦的積極運作，多少讓科技大老李國鼎有些不悅，但他終究也同意了。不過，真正讓他改變態度的，並非來自高層的壓力，而是海外科技顧問的專業意見，讓他決定重新審視同步輻射計畫。

浦大邦（右一）陪同吳健雄（右二）、袁家騮（右三）晉見時任總統蔣經國（左一），在場還有時任中研院院長錢思亮（左二）。（圖／中央社提供）

李國鼎邀請兩位行政院國外科技顧問進行評估，一位是曾任美國國家科學院主席的塞茲（Frederick Seitz），一位是曾任法國科技部部長的艾格漢（Pierre Aigrain）。

科技顧問先與可行性小組會談，之後國科會安排一次會議，討論國內是否興建同步輻射加速器，當天兩位顧問在場，閣愛德與八位不支持建造的學者激烈討論，會後兩位國外顧問均支持建造。

李國鼎得知後，從善如流，請閣愛德向吳大猷轉達，他與部屬都不再反對同步輻射計畫。[十]

捐棄私見，以國家大局為重

當這位舉足輕重的科技領袖定了調，整個台灣科學界的風向便為之改變，同步輻射加速器正式列入 1983 年 4 月召開的第五次科技顧問會議結論項目。

不僅如此，在時任中國國民黨中央委員會祕書長蔣彥士建議下，李國鼎受邀擔任同步輻射中心指導委員會（簡稱指委會）委員，也成為這項超大型科技計畫的重要推手之一。

李國鼎並未堅持己見或流於意氣之爭，也不在乎自己的看法出現「髮夾彎」，他尊重專業的態度與一言九鼎的氣魄，讓參與同步輻射計畫的每個後輩都深深感佩。

1983 年 7 月，行政院核定設立同步輻射中心，由行政院出資興建，直屬行政院，且預算專款專用，不會排擠到

國科會各學門的預算。

　　原本意見相左的兩派，卻能以國家大局為重，一起寫下台灣同步輻射的歷史，至今仍傳為佳話。

一　劉源俊譯（1979.10）。〈未來的方向——機會與挑戰〉座談會紀錄。《物理》季刊1期2卷。

二　鄭伯昆（2004.04）。《台灣同步輻射設施出光十週年雜記》。台北：《物理》雙月刊26卷2期。

三　劉遠中（1980.12）。給國科會徐賢修主委信函（有關物理中心改組會議討論結論），內部資料。新竹：國家同步輻射研究中心。

四　高亦涵（1981.04）。〈為在台灣發展同步加速器輻射建議草案〉，內部資料。新竹：國家同步輻射研究中心。

五　許火順、林錦汝（2020.01）。〈張圖南〉。《國家同步輻射研究中心口述歷史初稿》，內部資料。新竹：國家同步輻射研究中心。

六　翁武忠、謝啟淮、Samuel Krinsky（1981.10）。〈電子同步輻射實驗中心芻議〉，內部資料。新竹：國家同步輻射研究中心。

七　同參考資料二。

八　行政院國家科學委員會同步輻射可行性研究小組（1982.11）。《同步輻射可行性研究報告》。新竹：國家同步輻射研究中心。

九　藍麗娟（2016.11）。《李遠哲傳》。台北：圓神出版社。

十　許火順、林錦汝（2020.01）。〈閻愛德〉。《國家同步輻射研究中心口述歷史初稿》，內部資料。新竹：國家同步輻射研究中心。

4 耕耘期
建立自主運作模式

歷經無數折衝與角力，1983 年 7 月，行政院拍板定案，同意設立同步輻射中心。

這一刻，是台灣科研發展的劃時代起點，但眼前開展出來的並非康莊大道。

人才不足，起步才是挑戰

同步輻射中心要起步，人才，是科學界最憂心的問題。

為了確保能夠兼顧專業技術與政策推動，在同意成立同步輻射中心時，行政院決定，先成立指導委員會與策劃興建小組。

攤開第一屆指委會委員名單，個個大有來頭，除了海外知名科學家袁家騮、吳健雄、鄧昌黎、丁肇中、浦大邦、李遠哲，還包括吳大猷（時任中研院院長）、李國鼎（時任行政院政務委員）、閻振興（時任原能會主委）、蔣彥士（時任中國國民黨中央委員會祕書長）、張明哲（時任國科會主委）等部會首長與政界要員，由袁家騮擔任指委會

八〇年代，官學研界聯合推動台灣同步輻射發展。前排左起：閻振興、吳健雄、袁家騮、李國鼎、吳大猷；後排左起：劉遠中、閻愛德、陳履安、李遠哲、蔣彥士、鄧昌黎、夏漢民、丁肇中、王松茂。（圖／國輻中心提供）

主委，鄧昌黎為委員兼策劃興建小組主任。

指委會的主要任務，包括：為同步加速器擬定興建方針、審議預算及研究計畫、監督計畫執行、輔導策劃興建小組，以及培訓人才等；策劃興建小組則負責實際推動同步加速器興建相關事宜。

有了清楚的分工和明確的任務方向，同步輻射中心的發展看似漸上軌道。孰不知，「現在」才是挑戰的開始。

當時，曾有媒體報導引用同步輻射可行性研究小組鄭國川的話指出：「據我所知，國內曾經直接利用同步輻射做研究的人，只有三位。」

這一點，正是引起眾人疑慮的關鍵，舉凡設計、建造、使用……，台灣都缺乏具備相關經驗的加速器人才。

指委會成員不乏國際知名專家，意識到問題的嚴重性，在會議中曾多次熱烈討論。

建立核心執行團隊

「我們應該有組織地培訓人才，並派送學者、專家出國深造……」

「中心應該培養一批自己的實驗人才，指導光束線儀器操作事宜，同時精進改良，供外部人員使用……」

吳健雄、鄧昌黎都曾提出建議，逐漸凝聚共識——積極在海內外尋找人才，建立核心執行團隊，是籌建團隊的首要之務。

鄧昌黎當時仍在美國費米國家加速器實驗室（Fermi National Accelerator Laboratory）為美國能源部進行研究，無法全時在台工作，因此他建議，在台灣物色一位負責人做為代理人，並決定由中山科學研究院（簡稱中科院）核能研究所（簡稱核研所，現屬原能會）副所長劉光霽出任策劃興建小組副主任。

打鐵趁熱，鄧昌黎與劉光霽決定，先在台北成立臨時工作處，準備多管齊下，招兵買馬。

一方面，聘任各個子系統主持人。

1984 年年底，人選陸續到位，包括：劉遠中（真空）、

鄭伯昆（磁鐵量測）、黃光治（磁鐵製造）、吳永春（磁鐵電源）、張秋男（光束線）、詹國禎（儀控）、鄭國川（注射器）、吳秉天（束流傳送及注射）、張樁（束流動力計算）、楊詠沂（機械設計）、李陶（土木協調），後來又增加朱國瑞（高頻）、江祥輝（輻射安全），主要是來自台大、清大、師範大學等學界教授，以及核研所的專家，並積極培養優秀的年輕接班人。

二方面，加速培育用戶。

台灣缺乏加速器實驗人才，為了不讓同步輻射中心淪為「蚊子館」，在籌建過程中，指委會也把用戶培育列為重要任務。

1984 年 3 月，指委會第四次會議決議，設置用戶培育小組，由浦大邦兼任主任、閻愛德擔任副主任，選拔優秀學子出國受訓，學習如何進行同步輻射實驗。

組成國外專家顧問群

除了負責督導的指委會、負責執行的策劃興建小組和用戶培育小組，同步輻射中心還有一個非常特殊的重要組織，就是由國外專家組成的技術評審委員會（Technical Review Committee，簡稱技評會），針對加速器技術設計和工程進度進行審議與評鑑，確保籌備興建過程順利。

經驗不足，是台灣早年發展同步輻射的先天弱勢；幸運的是，同步輻射這個圈子並不排外，並且向來都有國際

合作的傳統，加上吳健雄、袁家騮、丁肇中、鄧昌黎、浦大邦等海外學者在科學界擁有可觀的影響力及人脈，技評會的籌組超乎想像地順利。

1984 年 9 月，第一屆技評會委員名單正式出爐，羅列其中的不是世界各國具有興建加速器經驗的專家，就是享譽國際的實驗物理泰斗，包括：吳健雄、美國 SSRL 的威尼克及霍夫曼（Albert Hofmann）、SLAC 的亞倫（Matthew Allen）、BNL 的布魯依特（John Blewett）及史汀柏格（Arie van Steenbergen）、洛斯阿拉莫斯國家實驗室（Los Alamos National Laboratory）的詹姆生（Robert Jameson）、德國 BESSY 的穆爾豪普特（Gottfried Mulhaupt）等人。

技評會在 1984 年 11 月首次召開，此後直到 1994 年台灣光源正式啟用，十年間，分別在台灣、美國、歐洲等地舉辦，共召開十二次會議，「這些評審委員都非常忙碌，但是他們都對台灣設立同步輻射極為熱心……，沒有一位委員缺席，都是全體參加，」袁家騮感慨地說。二

人事風暴悄悄醞釀

同步輻射中心的人事安排大致底定後，正在緊鑼密鼓邁步向前之際，進度卻戛然而止。引爆點，在於人事。

鄧昌黎在百忙之中接任策劃興建小組主任，原本計劃每隔一、兩個月來台一次，每次停留約一週，其他例行業務則每天與台灣代理人劉光霽越洋電話討論。當時，他的

想法是，如果一切順利，兩年內便可完成同步輻射中心初步輪廓架構，然後功成身退。

在那個還沒有網路或視訊的年代，鄧昌黎在國外，只能用長途電話加裝擴音器與台灣團隊開會，還需要影印、傳真大量文件，才能交換資訊、溝通意見。

「訊息傳達與溝通遠不如現在方便，很多事一再重複，各方面沒能迅速跟上，需要極大的耐心持續推動，」鄭國川回憶當時的工作情況，鄧昌黎想為台灣科研發展出一份力，現實卻充滿艱難考驗。三

越洋溝通不便，再加上鄧昌黎在費米實驗室的工作本就十分繁忙，在籌備工作如火如荼展開的 1984 年，他常無法按原計畫經常返台。

屋漏偏逢連夜雨。1984 年 12 月 15 日，在同步輻射中心工作會報現場，一群人親身體驗到「天有不測風雲」的現實。

在同步輻射計畫推動之初，投注許多心力、肩負朝野協調重任的浦大邦，時任用戶培育小組主任，突然在指委會前的同步輻射中心內部工作會議心臟病發，緊急送醫後仍舊回天乏術，過世時年僅四十九歲。

隔年 1 月，鄧昌黎因美國研究工作忙碌，正式請辭策劃興建小組主任一職，由時任國科會主委、駐會指導委員陳履安暫代。

前有用戶培育小組主任離世，後有策劃興建小組主任

辭職，浦大邦知交好友的心情受到衝擊，同步輻射中心籌建團隊的士氣也受到打擊。1985 年 2 月至 1986 年 8 月這段期間，即使有陳履安暫代主任職務，但因為加速器興建計畫主持人出缺，包含採購案等重要決定，都只能暫時擱置，工程進度幾乎停擺。

為了找到合適的領導人，指委會花了一年時間尋覓。然而，要有同步加速器經驗、具備統籌規劃能力，又要能夠全職在台灣管理興建工程……，這樣的人，實在不容易找到。難怪，不少指委心中總有個聲音若隱若現：如果浦大邦還在就好了！

然而，路還是得繼續走下去。

走過籌建初期最大危機

群龍不能無首。陳履安與指委會積極從國外專家中，物色可能人選來負責同步輻射計畫，最終還是難產，籌建工作進展非常有限，部分科學界人士信心動搖，憂心這個計畫會無疾而終。

後來，漸漸出現一種說法：萬一同步輻射計畫喊卡，就讓核研所接手。

他們所持的理由是：同步輻射籌建團隊，除了策劃興建小組副主任劉光霽，另外包括鄭國川、吳秉天、張椿、楊詠沂、李陶等子系統負責人，都來自核研所，加上核研所原本就是負責核能與輻射應用的研究機構，技術與支援

人員都不虞匱乏，倘若必須承接同步輻射興建任務，可以說是順理成章。

至於核研所的態度，其實很簡單，就是秉持為國家做事「使命必達」的信念，配合政府整體策略規劃，隨需求調整支援方式與程度，以及如何執行。

「核研所擁有多元的核科學專業，涵蓋物理、化學、核工、輻防、電算、機械、核儀等部門，被認為是同步輻射設施興建計畫的後盾，」鄭國川回憶，核研所做為國家公務研究機關，抱持的信念就是執行國家交付的任務，「有點像國家要誕生一個嬰兒，我們就是幫忙接生的助產士。」[四]

或許是因為核研所原本隸屬中科院，軍方色彩濃厚，因此出身核研所的多位子系統負責人依舊保有遵循指令、絕不輕言放棄的特質，即使前途未卜，仍然兢兢業業、全力以赴。

自立自強，絕處逢生

行到水窮處，可以就此放棄；也可以再往前一步，看看有沒有柳暗花明的可能。當年，籌建團隊的一個決定，奠定了同步輻射中心的基礎，扭轉了台灣的未來。

子系統負責人決定，堅守崗位，勤蹲馬步，持續累積技術能量。

指委會決定，轉換思維，邀請國內學者專家擔任加速器興建計畫主持人。

1991年，威尼克主持第十次技術評審會議，多位國際專家齊聚一堂。前排左起：富家和雄（K. Huke）、史汀柏格、穆爾豪普特、霍夫曼、袁家騮、威尼克、吳健雄、布魯依特、亞倫、詹姆生、柯納嘉（M. Comacchia）；後排左起：張石麟、劉遠中、閻愛德、張甯馨、鄭士昶。（圖／國輻中心提供）

　　發展方向也逐漸明確，就是要做到「持續不斷，獨立自主」。持續不斷，代表要一直學習精進；獨立自主，代表一定要「自己來」，國外專業顧問僅供諮詢，所有決策都要自行負責。

　　後來，接下計畫主持人的國內學者是閻愛德，儘管這一切並不在他的生涯規劃中。

　　閻愛德是一位熱愛研究的學者，他自認不喜歡也不擅長行政工作。儘管指委會認定他是最適合擔任興建計畫主持人的人選，他卻覺得自己不夠資格。

　　讓他改變想法的，是浦大邦的驟然離世。

「我們都有一個夢想，要建造同步輻射，他過世了，我覺得也許不會成功，但我還是想試一試……」閻愛德有對於國家科研發展的責任感，更有實現與浦大邦共同夢想的渴望。[五]

隨著計畫主持人確定，學界共組的團隊也相繼成形，包括：朱國瑞、張石麟、張秋男、黃光治、江祥輝、鄭士昶等人陸續加入。

「當時學術研究環境下的教授比較不在乎錢，有份傻勁，願意兼職參與計畫；在建造過程期間，即使有機會擔任學校院長等高階主管職，還是選擇留下來協助計畫完成，」閻愛德回憶起那時眾人齊心合力的熱忱，有感激，也有感動。[六]

核研所淡出，組織運作更有彈性

走過八〇年代的幾番動盪，如今回顧，顯然大專院校教授組成的團隊比核研所更能順應當時亟需彈性運作、快速反應的世界同步輻射發展潮流。

核研所在隸屬中科院時期，內部規範較為嚴格且繁多，核研所人員借調同步輻射中心籌建處的管理也頗為複雜，加上核研所位在龍潭，希望同步輻射中心也能一樣設址龍潭，但中心已在 1986 年由陳履安拍板落腳新竹科學工業園區（簡稱竹科），臨近潛在用戶……，種種因素加乘，證實核研所並非同步輻射中心最好的歸宿。

　　隨著劉光霽與大部分核研所人員逐漸淡出同步輻射中心團隊，核研所的備援待命角色就此告一段落。而在那之後，同步輻射中心的組織運作更有彈性，推動相關研究計畫也有機會嘗試更多不同的可能。未來，將是嶄新的一頁。

一　齊若蘭（1984.12.01）。〈同步輻射能否同步〉。《天下雜誌》。取自：https://www.cw.com.tw/article/5040266

二　袁家騮（1992.11）。〈我和孫運璿先生多年友誼的回憶〉。《我所認識的孫運璿》。台北：財團法人孫運璿學術基金會。

三　許火順、林錦汝（2020.01）。〈鄭國川〉。《國家同步輻射研究中心口述歷史初稿》，內部資料。新竹：國家同步輻射研究中心。

四　同參考資料三。

五　許火順、林錦汝整理（2020.01）。〈光源啟用二十週年閻愛德主任演講〉。《國家同步輻射研究中心口述歷史初稿》，內部資料。新竹：國家同步輻射研究中心。

六　許火順、林錦汝（2020.01）。〈閻愛德〉。《國家同步輻射研究中心口述歷史初稿》，內部資料。新竹：國家同步輻射研究中心。

5 萌芽期
綻放第一道光芒

解決了組織與人事問題，同步輻射中心籌建團隊就定戰鬥位置，快馬加鞭追趕停擺多時的進度。

然而，預算、選址、技術⋯⋯，諸多問題接踵而來，如同黎明前的黑暗，考驗團隊的專業能力及毅力。

全球軍備競賽衝擊

台灣技術團隊接手時，全球同步輻射發展進入「軍備競賽」階段，追求更高能量的加速器與更亮的光點。

行政院在 1984 年 1 月通過的規格，還符合需求嗎？

籌建團隊回頭檢視，發現已經不敷所需。

在最早的興建計畫書中，儲存環的電子最高能量訂為 10 億電子伏特，注射器能量為 2.5 億電子伏特，屬於低能量，選擇的注射器也是最簡單的直線加速器。

由國外專家組成的技評會，在 1984 年 11 月舉行的第一次會議上，根據德國、美國、日本等國的實際經驗建議，應改為主流的全能量注射。

會後，技評會提交了一份書面報告：

「原始設計的電子注射能量較低，儲存環必須同時負責儲存及加速功能，影響操作性能，建議應將兩種功能分開，改為全能量注射，如此可以提高亮度，降低操作複雜度，同時還可提供其他科學研究應用。」

時隔不到一年，規格變了。

挑戰更高規格

大軍尚未出發，就發現糧草已然不足，籌建團隊一則以喜，一則以憂。喜的是，亡羊補牢為時未晚，一切都還來得及；憂的是，去哪裡籌錢？

少數指委對規格升級持保留態度，擔心全能量注射會大幅提高預算，而且技術挑戰性高，缺乏專業人力。然而，為了同步輻射中心未來的競爭力，指委會仍決定接受技評會的建議，在 1986 年 2 月第十次指委會會議中，決議加速器採用全能量注射。

不料，技評會更進一步建議，同步輻射中心應該擴大挑戰，直接興建最新的第三代同步加速器，提升電子能量到高於 10 億電子伏特，降低束散度並增加插件磁鐵所需的直線段。

這個要求，可以視為國外專家對台灣團隊能力的肯定。一方面，希望激發團隊戰力，快速提高技術能力；二方面，希望幫助台灣，能在世界競爭的舞台上後發先至。

　　問題是，技術規格提升，加上採用多角環形加速器，必須改變建築設計。

　　這些變化，不僅意謂建築面積增大，儲存環周長、磁鐵數目、真空設備、電源設施……，都要等比增加。當然，整體預算也要跟著提高，從 12 億元再向上攀升。

院長力挺，預算提高一倍

　　增加預算，可能嗎？

　　1963 年，台灣對外貿易首次出超，中間又經過十餘年發展，逐漸由農業社會轉為工業社會，持續累積財富。然而，繼十大建設之後，台灣「十四項建設」從 1984 年開始啟動，資金運用早有規劃。這個時間點要擴大投資，是否會再次遭遇來自行政機構的阻力？

　　為了解決預算問題，陳履安與當時剛接任興建計畫主持人的閻愛德，一同拜會時任行政院院長俞國華，獲得意外之喜。俞國華認可同步輻射中心的修正計畫。

　　「俞國華是財務出身，對於金錢的控管非常精確，」閻愛德說明，「追加預算不能從經常支出費用裡調動，而是從院長中控款挪出，這筆錢對院長來說不是小數目。」然而，俞國華不僅力挺同步輻射計畫，還當場計算出可以挪支的上限——24 億元（最後追加到 27 億元），增加一倍。

　　籌建團隊的底氣，足了。

　　預算數字明確，團隊得以掌握計畫調整幅度，接著便

是精細計算，確認什麼樣規格的光源設施，才是最符合當時台灣的需求與能力的選擇。

　　既然已經決定重新規劃，要不要乾脆越級挑戰？當時指委會曾討論，是否要建置比外籍專家建議能量更高的光源設施。經過綜合評估，最終，在 1986 年 12 月的指委會第十二次會議決議，注射器採全能量 13 億電子伏特。

　　至此，技術規格大致底定，而這也是籌建過程中經費變動最大的一次，同步輻射計畫更是台灣有史以來投入金額最高的科研計畫。

主委相助，解決地點問題

　　解決預算問題，還有土地問題需要解決。

　　同步輻射中心要蓋在哪裡？

　　早在 1982 年 11 月提出的《同步輻射可行性研究報告》，可行性小組就建議，將同步輻射中心建在竹科，對中心和竹科會是雙贏的局面——對同步輻射中心來說，設點竹科，土地取得方便，交通與環境俱佳；對竹科來說，同步輻射中心的設立，有助族群效應發酵與人才培育。

　　不曾想，同步輻射中心遭到拒絕。

　　初期中心與科學園區口頭議定的土地位於園區南側（現台積電所在），土地面積較小，後來重新協商，時任竹科管理局局長李卓顯堅持，竹科有自己的使命，土地資源有限，應該保留給高科技公司，反對同步輻射中心設在竹

科。即使身為長官的陳履安親自出馬，一時之間也無法說服李卓顯，直到陳履安態度轉趨強硬，李卓顯才勉強同意。（詳情請見第二部第 7 章〈調和鼎鼐締造科研利基── 陳履安〉）

1986 年 2 月，指委會選定竹科西北角、占地 15.4 公頃的山坡地做為基地，並立刻著手進行土地建築規劃設計，同年 8 月舉辦建基動土典禮，土木工程作業隨即展開。

台電工程師全力相挺

加速器是非常精細的設備，對建築工程的要求也特別高，加上台灣位於地震帶上，防震結構必須格外講究。

誰能扛起如此高標準的土木建築工程？

籌建團隊心目中的最佳人選，是畢業於北京清華大學機械系的張甯馨。他曾在港務局擔任工程師，當時剛從美商勝家縫紉機台灣區董事長一職退休，具備豐富的工程實務及行政管理經驗。

「我是學機械的，並非學土木或建築，」面對閻愛德親自造訪，張甯馨感到驚訝之餘，也不確定自己能否勝任。但是閻愛德持續鼓勵他，並且答應：「如果遇到問題，都會協助解決。」

有了閻愛德的保證，張甯馨決定點頭，意外在退休後接下人生新挑戰。

「我們在土木建造方面沒有太多經驗，所有討論都只是紙上談兵，」張甯馨一開始就發現，需要有經驗的國外技術

1986年8月，台灣光源舉行動土典禮。上圖為台灣光源主建築結構。
（圖／國輻中心提供）

顧問與更多具備實務建造經驗的人才參與。所幸,透過同步輻射中心人脈,美國 BNL 的哥德爾(Jules Godel),成為張甯馨遇到技術問題時討論或諮詢的技術顧問。

至於建造人才,當時台灣電力公司(簡稱台電)核四廠暫緩動工,張甯馨認為核電廠的輻射屏蔽建造經驗可以借鏡,於是商請陳履安向台電詢問,能否支援工程人力。

結果,台電不僅欣然同意,還立即派遣曾主持核四興建的主任工程師黃顯男前往了解現場狀況,並且找來結構、電氣、機械空調水電裝配、電子計算分析、施工等專業工程師,一起協助監工,解決營建與機電工程經驗不足的問題。

同步輻射中心的土木工程設計規劃,委託宗邁建築師事務所承辦,土木與機電工程則均由中華工程公司承包。從 1986 年 8 月開始第一期整地工作,到 1988 年 9 月展開第二期土木工程施工,包括:行政大樓、機械工廠(現儀光大樓)、實驗大樓、餐廳,以及部分機電中心,在 1990 年 4 月完工並獲得使用執照,原本分散各地的研究人員也自同年 6 月起,開始進駐辦公。之後,陸續展開第三期儲存環館、增能環與機電一館的興建工事。三

自主開發真空與磁鐵技術

在工程組如火如荼展開營建工作的同時,技術組也緊鑼密鼓進行研究設計工作。

　　各個不同小組，例如：射束動力、注射器、真空、磁鐵與量測、光束線、控制、高頻、輻射安全等，都由負責人帶著年輕的研究人員蒐集研究，同時出國考察，遇到問題就向國外顧問諮詢，設法突破各種技術障礙。

　　舉例來說，同步輻射儲存環為了增加電子束的運行壽命，「真空」是非常重要的技術，必須達到 10^{-9} 托（torr）以上的超高真空度，但早期台灣學界沒有人做過。

　　為了建立超高真空技術，可行性研究小組成員之一的劉遠中，曾經試驗各種材質的真空腔體，包括銅及不鏽鋼真空系統，後來更投入鋁合金真空系統研究，克服了最困難的焊接技術瓶頸，順利達到超高真空度的要求。最後，除了光束線採用不鏽鋼，儲存環的真空系統全部採用鋁合金。只不過，台灣缺乏量產設備，為了加速趕工，便將這項技術轉移給日本日立造船公司進行分包製造。

　　再以磁鐵技術為例，第三代同步加速器對電子軌道的精準度要求極高，以免出現電子散失，大量使用二極、四極和六極磁鐵。每塊磁鐵性能必須完全一致，精密度務求達到萬分之一，磁鐵製造、量測及精準安裝的難度都隨之提高。偏偏，磁鐵製造的工序非常複雜，必須選用碳含量低於 6% 的低碳鐵芯，切成 2 至 3 公釐的鐵片再進行重組，然後測量磁場，確保磁鐵能夠達到標準。

　　「找遍台灣，竟然找不到這種特殊規格的磁鐵材料，」籌建團隊無奈之餘，曾經考慮向國外採購。

出面協助的，是同步輻射中心指委李國鼎。

「這是國家重大科技計畫，」李國鼎特別找上中鋼董事長，直接表明同步輻射計畫的重要，加上中鋼屬於國營企業，老長官親自出馬，怎能不相挺？於是中鋼開設新爐，專門製造這個特殊規格鐵片，即使賠本生產也在所不惜。[四]

李國鼎從反對到大力支持，坦然向昔日下屬單位尋求協助，引領中鋼首開先例，連帶其他「國家隊」也共襄盛舉，包括：磁鐵鐵芯由春源公司裁切，磁鐵線圈由大同公司纏線，經過磁鐵製造小組重組焊接成型、工研院機械所製作量測平台，磁鐵量測小組進行精密量測。

政治介入平添困擾

對同步輻射中心籌建團隊來說，專業的技術問題都還能解決，最難應付的，是有複雜政治關係介入的採購案。

當時，加速器核心的注射器系統採取外包，由閻愛德等人組成注射器規劃評審小組負責採購。

1987 年年底，評審小組邀請八家國外廠商參與報價，共有六家提出，最後根據信譽、技術、水準、評估、報價等因素，選定瑞典公司和美商，於 1988 年 6 月進行比價。

第一次開標，兩家廠商都低於底價，但美商公司對籌建處收件處理程序提出異議，審計部認定有瑕疵而廢標，後來籌建處針對投標資格與比價程序進一步說明，再重新徵求報價，最後由瑞典公司得標。

重新招標的理由，是行政程序出現瑕疵，但內行人都知道，真正原因是背後有政治力介入，希望促成其中一家得標。外界對此議論紛紛，閻愛德決定向陳履安報告，兩人連袂拜會時任行政院院長俞國華。

當時，俞國華表示，他已收到相關文件並存檔，只是沒告訴中心。換言之，俞國華支持同步輻射中心的做法，隱而未提就是希望不要帶給主管們壓力。至此，整件採購案終於順利落幕。[五]

系統整合，搭建「樣品屋」

當加速器的所有元件都準備妥當，接著便要進入最關鍵的系統整合階段。

這段時期，籌建處密集開會，共同討論元件命名、電線管路配置、支架製造、各元件定位、輻射安全等議題，先由各小組進行測試，接著進行各系統間的整合測試，最後再以電子束進行整個系統的測試。此時，便要開始搭建「樣品屋」。

這個「樣品屋」，是指在儲存環正式安裝前，籌建團隊先以木頭搭建六分之一段相同尺寸的儲存環，好掌握整體空間概念——畢竟，這是台灣有史以來第一次，誰都沒有經驗，在還沒有擴增實境（AR）技術的年代，只能用笨方法做實事。

搭好「樣品屋」之後，團隊在地板畫上各種儀器的預

計擺設位置,再一一放入磁鐵、真空腔、支架。模擬一遍之後,才真槍實彈上場。沒想到,還是狀況連連。

「有人發現磁鐵位置有問題,詳細檢查後才知道是同仁沒有更新到最近的磁鐵資料。支架的技術層次不算高,但當支架擺進去時,支架上的孔洞與地板洞的位置不合,原因是製造支架的公司品管不佳,而且機械定位要求很高,一塊磁鐵的位置需要調整三天……」劉遠中回想起這段過程,一點一滴都是挑戰,不到最後一刻,絲毫不能放鬆。[六]

所幸,所有辛苦終能化為甜美的果實。

1992 年 6 月,增能環完成安裝及驗收。

1992 年年底,儲存環安裝完畢。

1993 年年初,儲存環注射系統測試完成,並於 2 月完成儲存環電子束繞行一圈。

躍居世界領先群

1993 年 4 月 13 日凌晨兩點,電子束首度完成儲存,台灣光源宣告試車成功,成為全世界第三座,僅次於歐洲同步輻射設施(European Synchrotron Radiation Facility, ESRF)與美國先進光源(Advanced Light Source, ALS),也是亞洲第一座第三代同步光源。不僅團隊歡欣鼓舞、感動不已,各界也紛紛賀電恭喜,李遠哲更是題了「光芒萬丈」四個字,展現出對台灣同步輻射發展的期許與鼓勵。

雖然當時沒有訂定具體時間表,但團隊內部都有個終極

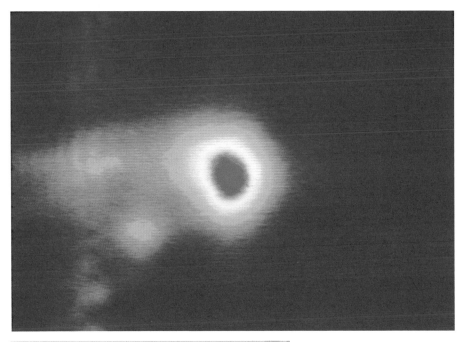

台灣光源發出第一道光（上），
李遠哲傳來「光芒萬丈」四字
（下）祝賀。（圖／國輻中心提供）

目標：希望台灣光源能趕在 1993 年 5 月於華盛頓舉辦的國際粒子加速器會議之前，首次出光。

台灣光源辦到了！

美國的柏克萊先進光源與同步輻射中心的台灣光源，都在會議上宣布成功出光並且獲得認證，先進光源僅比台灣光源快了兩週。

從不被看好到躍居世界領先群，一路帶領團隊創造奇蹟的閻愛德，感觸最深。

「在台灣光源建造初期，有次我跟先進光源主任傑克森（Alan Jackson）聊天，他比喻我們是在小聯盟，而他們則是在大聯盟……」那段談話，閻愛德直言，他永遠不會忘記。後來，台灣光源急起直追，趕上跟先進光源在同一次會議宣布出光，「傑克森在演講時，第一句話就恭喜台灣完成這項計畫，而且說：『What a pennant race.』（一場多麼緊張的錦標賽）。」^七

傑克森這段話，代表那是一場君子之爭，也代表他對台灣光源的認可，承認台灣光源與先進光源是同一等級的競爭對手，再也不是大聯盟與小聯盟的差別。

一圓科技大夢

歷經十年努力，台灣光源正式出光雖然比預期晚了一些，但對於台灣科學研究的意義相當深遠。這個由國人自行設計、建造的第三代同步光源，除了注射系統由瑞典製造，

其他系統，包括：磁鐵製造與量測、真空系統、電源、控制系統、高頻系統（高頻共振腔向德國 DESY 採購），幾乎都由台灣廠商研發製造或組裝。[八]

1993 年 10 月，同步輻射中心舉行台灣光源啟用典禮，時任總統李登輝蒞臨剪綵。

從新竹荒郊的一片黃土到築出一片天，同步輻射中心綻放光芒，科技大夢終究並非南柯一夢，未來開始璀璨。

一 行政院同步輻射研究中心指導委員會（1984.01）。《「同步輻射研究中心」興建計畫書》，內部資料。新竹：國家同步輻射研究中心。

二 許火順、林錦汝（2020.01）。〈閻愛德〉。《國家同步輻射研究中心口述歷史初稿》，內部資料。新竹：國家同步輻射研究中心。

三 許火順、林錦汝（2020.01）。〈張甯馨〉。《國家同步輻射研究中心口述歷史初稿》，內部資料。新竹：國家同步輻射研究中心。

四 同參考資料二。

五 同參考資料二。

六 許火順、林錦汝（2020.01）。〈劉遠中〉。《國家同步輻射研究中心口述歷史初稿》，內部資料。新竹：國家同步輻射研究中心。

七 許火順、林錦汝整理（2020.01）。〈光源啟用二十週年閻愛德主任演講〉。《國家同步輻射研究中心口述歷史初稿》，內部資料。新竹：國家同步輻射研究中心。

八 林必窕、黃顏明（1993.12）。《訪王松茂教授談十年來籌設同步輻射研究中心計畫之形成與發展》。台北：《物理》雙月刊15卷6期。

6 成長期
開啟國際競合新局

1993 年 10 月，同步輻射中心舉行台灣光源啟用典禮，台灣同步輻射發展也邁入下一個里程碑。

此時此刻，喜悅之心固然有之，憂心忡忡也是必然，因為，整個團隊一路走來，深深明白，這才只是開始。

從九〇年代之後，世界各國都在加速興建新一代的同步光源，在電子束能量與設施規模的競爭愈來愈激烈，台灣光源也開始面對一波波挑戰，必須一步步「打怪」闖關。

啟動五年計畫

首先，是跟時間賽跑。

1994 年台灣光源啟用的同時必須完成三條光束線，並且開放用戶申請使用。而隨著台灣光源成為亞洲第一座第三代同步輻射設施，在起跑點搶得先機，接下來便要打一場世界盃賽事。

想要在世界盃中勝出，人才，是最重要的事。

「唯有邀請更多旅外專家返台，共謀同步輻射中心下

一階段的發展，未來才有希望……」這是指委會當時的想法。為此，袁家騮和吳健雄經常邀約翁武忠、陳建德、梁耕三等人到家中，以五年為期，討論、規劃未來發展計畫，同時審核用戶申請的研究計畫。

根據當初的五年計畫，在一開始的三條光束線之後，同步輻射中心預計每年建造兩條光束線，十年之後台灣就有二十多條光束線，可以提供不同波段光源，滿足用戶多樣化的科學研究需求。

然而，一開始，旅外學者們心中雖有強烈為台灣做些事的想法，但返台意願不高。

後來，這些海外學者中，不少人因為拗不過多位指委的盛情邀約，最終，在 1994 年至 1997 年這段期間，許多海外科學家相繼返台，後來也成為同步輻射中心的主管，領導發展方向，更是後續光束線興建、加速器升級優化等進程的重要舵手。

打造「天龍八部」

在相繼返台的旅外科學家中，有一位重要人物。如果沒有他，恐怕就連及時興建完成其他光束線，都險些難以做到。

他，就是在 1995 年 8 月返台、1997 年 5 月接任同步輻射中心主任的陳建德，也是李遠哲、丁肇中等指委眼中，推動台灣光源從初生到壯大的樞紐，引領同步輻射中心成

為世界一流的研究機構。（詳情請見第二部第 12 章〈打造台灣科學神燈—— 陳建德〉）

早在返台之前，陳建德就是國際知名的軟 X 光科學家。他曾為美國國家同步輻射光源建造完成全世界第一條高解析度、高束流的軟 X 光光束線，並以華人眼中的萬獸之首、具有神異功能的「龍」命名，之後這類型的光束線就被稱為龍光束線。

台灣光源最初的三條光束線，其中兩條便參考了陳建德的龍光束線設計，從原本採取平面光柵分光儀（plane grating monochromator, PGM）與橢圓雙曲面光柵分光儀（toroidal grating monochromator, TGM）的設計，改為龍光束線的柱面光柵分光儀（cylindrical grating monochromator, CGM）設計，分別命名為「飛龍」與「金龍」。

在最初的兩條「龍」之後，陸續又有巨龍、顯龍、閃龍、幻龍及旋龍，與元龍、金龍、飛龍並稱為「天龍八部」。這些「龍」的命名各有典故，有的是「江湖地位」甚高，有的則是搭上流行風潮。

以江湖地位論，首推元始天尊「元龍」。它是全世界第一條龍光束線，當時國科會特別撥款，請陳建德將它從美國運回台灣。

同樣具有江湖地位的，是台灣光源最高大的光束線「巨龍」，高 3.5 公尺，比一般光束線高出兩、三倍。建成這個高度並不是為了掙面子，而是因為若要產出真空紫外

光，就需要較大的入射角，光源設施必須要有足夠的高度才能做到。

至於搭上流行風潮的，是「飛龍」，它借用了當時正夯的連續劇《飛龍在天》。

另外幾條「龍」的命名，則是和它們的功能有關。

「顯龍」因為具有顯微功能，可讓研究人員看到極微小的東西；「閃龍」的由來，是能用它觀測激發態一閃即逝的行為；「幻龍」是由於透過同一條光束線就可切換產出 X 光或真空紫外光，因變幻莫測而得名；「旋龍」之名，則來自於它能產出左、右旋光，適合用來研究磁性材料。一

執行「換心手術」

陳建德擔任主任八年，打造了「天龍八部」，同步輻射中心的技術也不斷累積與升級，例如：提升加速器原有各子系統的功能，以改善注射效率與光源穩定度，甚至進行了「換心手術」。二

之所以稱為「換心」，是因為高頻共振腔是同步加速器的心臟，原本的共振腔是常溫式的，換成超導高頻共振腔，牽涉超低溫技術，「手術」難度極高。

隨著「換心」成功，台灣光源成為全世界名列前茅的同步加速器，同步輻射中心也脫胎換骨，達到世界頂尖水準，陸續樹立多個里程碑。

2000 年 2 月，台灣光源完成 15 億電子伏特全能量注射

運轉。

2004 年 12 月，台灣光源成為全世界第二座使用超導高頻共振腔的同步光源。

2005 年 10 月，台灣光源成為全球第三座全時恆定電流運轉設施。

從 1993 年台灣光源啟用到 2005 年年底，十二年間，同步輻射中心從一開始的三條光束線、三座實驗站，成長到二十八條光束線、五十四座實驗站，並且成功導入八座超導插件磁鐵，成為全世界插件磁鐵安裝密度最高的同步光源設施。

改制財團法人

1993 年出光後，外界肯定台灣光源的聲量升高許多，但是在營運大型科研計畫上，受制於政府採購、預算、會計等相關法規，推動時總是感覺綁手綁腳。

如何才能改變現狀？其中一種聲音是改變組織定位。

同步輻射中心因長期處於籌建處階段，人員考核及採購程序都無法比照政府正式機關的方式處理，必須以特別方式進行，導致每年立法院質詢時，都被稱為「黑機關」。

想要在編列預算及採購設備時更有彈性，以利整體同步輻射研究計畫發展，牽涉的法條太多，修法緩不濟急，指委會開始思考幾種不同方案。

1997 年 1 月，指委會第三十四次會議決議，成立「組

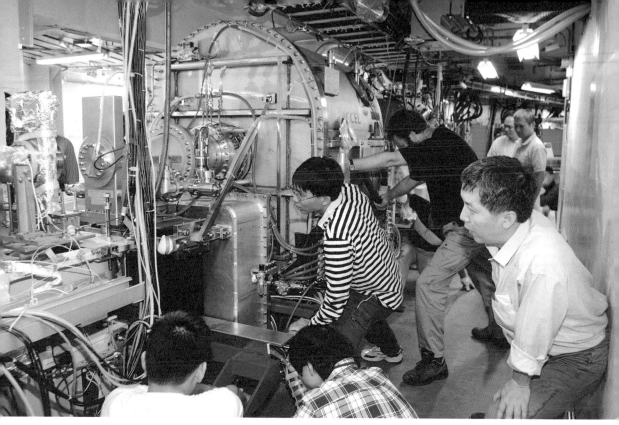

台灣光源進行「換心手術」，裝設超導高頻共振腔。（圖／國輻中心提供）

織定位研究小組」，邀請人事行政局及銓敘部代表共同召開
會議，討論中心歸屬問題。當時，考慮的選項包括：成立
法人、改隸中研院或鄰近的大學。

「還是應該維持獨立位階，」時任國科會主委劉兆玄敲
定方向。於是，1997 年 8 月，指委會決定，爭取改制成立
財團法人。

為了實現這個理想，同步輻射中心花了五、六年時
間，終於在 2003 年 5 月，正式改制為「財團法人國家同步
輻射研究中心」（簡稱國輻中心），主管機關為國科會。

國科會主委劉兆玄於 1997 年參加亞太經濟合作會議

（Asia-Pacific Economic Cooperation, APEC）部長會議，提到亞太國家的大型實驗設施應互相交流，彼此開放共用，為台、日史上最大規模科技合作計畫開啟新契機。

同時期，同步輻射中心為能突破 X 光光源能量上限，開始強化國際間的技術交流，包括：美國、日本、南韓的同步光源，都在考慮之列，其中日本更是首選。

日本一直是加速器研究的強國，1997 年 10 月啟用的春八（Super Photon ring-8 GeV, SPring-8），是全球規模最大、電子束能量最高（80 億電子伏特）的第三代同步光源，可產出世界上最強的硬 X 光，堪稱是科學家的夢幻光源。

「如果前往美國，差旅費高且有時差問題；日本在地理位置及文化較具優勢，給我們的條件也很好，雖然插件磁鐵、前端區、光束線都由我們出錢，但推薦的廠商報價都很優惠，總經費約 3 億元，」陳建德回憶當年同步輻射中心內部幾經討論，最終選擇與春八合作的心路歷程。[三]

不過，台、日合作？一開始，日本外務省並不支持，再加上亞洲其他國家也都積極爭取與日本合作，春八的身價水漲船高。

開展台日最大科技合作計畫

難得的好機會，難道終究只能嘆一句「落花有意，流水無情」？

扭轉局勢的契機，來自良好的人脈關係，以及國際情

亞太科學技術協會理事長余傳韜（右）與日本高輝度光科學研究所所長伊
原義德（Yoshinori Ihara）（左）簽署合作意願書，規劃在春八建造兩條台
灣專屬的硬X光光束線。（圖／國輻中心提供）

勢動盪的意外。

　　一方面有劉兆玄在 APEC 積極推動，二方面劉遠中與
春八主任上坪宏道（Hiromichi Kamitsubo）有同窗之誼，再
加上印度在此時進行核子試爆……，種種因素催化，日本
在最後一刻決定終止與印度簽訂的合作計畫，轉而選擇台
灣。歷經長達十五個月的溝通協調，雙方達成共識、避開
爭議，建立非官方組織的合作模式。（詳情請見第二部第 13
章〈擴大國際影響力——梁耕三〉）

　　因日本與台灣沒有正式邦交，1998 年 12 月，同步輻
射中心委請亞太科學技術協會（Asia and Pacific Council for
Science and Technology, APCST）與日本高輝度光科學研究
所（Japan Synchrotron Radiation Research Institute, JASRI）

簽署合作計畫,規劃在春八建造兩條台灣專屬的硬 X 光光束線,包括:一條生物結構與材料研究光束線、一條非彈性 X 光散射光束線。

當時台灣光源的能量較低,主要以真空紫外光與軟 X 光的實驗見長,與日本春八合作後,同步輻射中心便得以擁有世界最先進的硬 X 光光束線,利用特高強度 X 光光源,可進行生命科學、物理、化學、高溫超導、巨磁阻材料等前瞻科學實驗,涵蓋更完整的同步光源能譜。

實現科技外交

同步輻射中心與日本春八攜手後,開啟了國際合作的新篇章,此後台灣陸續與多個國家的研究機構合作,不僅從事科學研究的技術交流,也建立科技外交的友好關係。

台灣能夠發起參與「亞太同步輻射論壇」(Asia-Oceania Forum for Synchrotron Radiation Research, AOFSRR),就與春八計畫淵源甚深。

為了深化台灣光源與春八的合作,時任國輻中心副主任梁耕三經常拜訪日本,與當地研究人員建立不錯私交,並對日本的科技實力留下深刻印象,也見證了全球化趨勢的走向,以及亞洲地區的快速成長。因此他建議,日本領頭成立區域性同步光源組織,加速各國間的研究交流。

2006 年 11 月,日本、南韓、中國大陸、新加坡、泰國、印度、澳洲、台灣,共同發起組成「亞太同步輻射論

2013年國輻中心負責營運位於澳洲雪梨ANSTO的中子設施SIKA開幕，駐澳代表張小月（前排右四）、主任張石麟（前排左三），以及Bragg Institute所長Robert Robinson（前排右三）與會祝賀。（圖／國輻中心提供）

壇」，希望能夠推動亞太地區的同步光源合作、增進技術交流並整合共同研究。現在，除了這八個委員國，成員還擴及紐西蘭、馬來西亞和越南等國家。

此外，台灣與澳洲也展開科技合作。

國科會委由中央大學於澳洲核子科學與技術組織（Australian Nuclear Science and Technology Organisation, ANSTO）興建完成冷中子三軸散射儀（Spin-polarized Inelastic K-space Analyzer, SIKA），借重國輻中心在設施建造、維護、技術支援、用戶培育和推動，以及與春八的海

外營運等經驗，從 2013 年起，就由國輻中心負責冷中子三軸散射儀實驗設施的運轉維護及研究推廣。

基於互惠原則，澳方可使用台灣出資興建的冷中子三軸散射儀，台灣也可使用澳洲核子科技組織興建的其他新穎中子研究設施，希望藉由台、澳中子計畫交流，激發彼此的科研能量。

中子具有奇妙的自旋與貫穿力，相關研究可應用在物理、化學、生物、材料、奈米及醫療等領域，是綠能科技、藥物設計、航太材料與智慧製造等產業的重要利器，與同步光源具有高互補性，可協助解開諸多科學謎團，包含美國、歐洲、日本、澳洲等先進國家，都陸續建置中子實驗設施。

從科技輸入國到輸出國

隨著國輻中心累積可觀的技術實力與研究成果，台灣也積極回饋國際社群，在國際上扮演同步光源與加速器科技輸出國的角色，泰國、新加坡、印度、土耳其、約旦、伊朗……，全都因而受惠。

以泰國光源（Synchrotron Light Research Institute, SLRI）為例，最早由日本捐贈設備，開始發展同步輻射，但後來遇到光源穩定度的問題，透過國輻中心加速器諮議委員會前主席韋德曼（Helmut Wiedemann）介紹，台灣與泰國建立合作關係。

　　國輻中心不僅在超導磁鐵、輻射防護與超高真空系統等領域，持續提供泰國光源技術諮詢與人才培育，並接受泰國專案委託，製造加速器重要元件，同時協助泰國推廣產業應用，雙方也針對生物醫學、能源材料等領域，進行學術研究合作。

　　中東同步加速器光源（Synchrotron-light for Experimental Science and Application in the Middle East, SESAME）的人才培訓計畫，則是與國輻中心前技評會主席威尼克有關。

　　當時，威尼克正協助中東興建 SESAME，時任國輻中心董事長李遠哲聽聞威尼克提及，SESAME 在發展初期遇到一些困境，便主動表示，可以由國輻中心每年提供三個獎助名額，協助 SESAME 培訓年輕研究人員，給予相關知

國輻中心提供獎助名額，協助SESAME培訓年輕研究人員。（圖／國輻中心提供）

識技術與實驗操作的養成教育。[四]

　　如此一來，不僅協助 SESAME 培育人才、共同推動全球同步光源研究與應用發展，也提升了國輻中心的國際能見度。

　　此後，國輻中心培養出來的專家，陸續擔任日本高能加速器 B 介子研究機構（Super-KEKB）、澳洲光源、美國國家同步光源二期（NSLS-II）、泰國光源、韓國光源、上海光源、西班牙光源等全球大型高能加速器或光源設施的國際審查委員或顧問，並曾協助澳洲建造第一座軟 X 光光譜儀實驗站、出借插件磁鐵給德國 ANKA 與泰國光源使用……

　　同步光源的國際社群，原本就是既競爭又合作，而台灣深耕同步光源多時，從技術、設備與人才的輸入國，搖身一變成為輸出國，不僅可以自我茁壯，還能夠培力他人，不僅在這場錦標賽中贏得榮耀，也在這場友誼賽中獲得掌聲。

一　陳皓嬿（2014.06）。「天龍八部」鎮守，提高光束解析度。聯合新聞網。

二　陳建德（2013.09）。〈創造二十一世紀台灣科研奇蹟〉。《光芒萬丈：國家同步輻射研究中心光源啟用二十週年紀念文集》。新竹：國家同步輻射研究中心。

三　許火順、林錦汝（2020.01）。〈陳建德〉。《國家同步輻射研究中心口述歷史初稿》，內部資料。新竹：國家同步輻射研究中心。

四　許火順、林錦汝（2020.01）。〈李遠哲〉。《國家同步輻射研究中心口述歷史初稿》，內部資料。新竹：國家同步輻射研究中心。

7 茁壯期
台灣光子源再造輝煌

所謂「十年磨一劍」。歷經十年的運轉經營,台灣光源開始在世界舞台發光發熱,但科研創新的巨輪持續向前,科學界不禁憂心,要如何繼續維持國際競爭力?

台灣光源雖然在第三代同步輻射設施的興建腳步拔得頭籌,但畢竟在規劃之初,受限於經濟條件及加速器技術,只能興建電子束能量較低的加速器,最高電子束能量僅有 15 億電子伏特,在 X 光波段的亮度明顯不足,且因儲存環直線段較少、插件磁鐵安裝空間有限,出光口已幾乎用罄,無法滿足科學界對高亮度 X 光光源的殷切需求。

進入二十一世紀之後,隨著同步輻射在基礎科學與產業應用的成績有目共睹,世界各國投入同步輻射研究的腳步愈來愈快,競爭也日益激烈。

此時的台灣,迫切需要超前部署,否則很快就會被其他國家超越,在同步輻射領域累積的優勢也會拱手讓人。

科學界及國輻中心開始出現一種聲音:是否應該自主興建一座更高能量的同步光源?

最早，這樣的聲音來自於用戶。

當時，台灣正大力推動生醫、奈米科技、綠色能源等產業，研究人員在用戶會議上多次討論到，許多前瞻研究需要更高亮度的 X 光，因此，指委會早在 2001 年 2 月的第四十一次會議中，就建議同步輻射中心應盡早評估，是否可能建造另一座電子束能量更高的同步加速器。

在陳建德領導下，國輻中心積極展開評估作業，包括陳建德本人，以及梁耕三、張石麟、王瑜、王惠鈞等人，均曾前往歐美訪察。為了廣納各方意見，除了致函徵詢近千位學者專家意見，也舉辦多場討論會、說明會與論壇，邀請國內外學者專家參與討論。

各界逐漸凝聚共識，確實應該推動建置新一代同步光源——台灣光子源（Taiwan Photon Source, TPS）。

怎麼蓋？難倒眾人

新一代的同步光源，應該是什麼樣子？

時任國輻中心主任、後來擔任台灣光子源興建計畫總主持人的陳建德為此傷透腦筋：「當時不斷思考要蓋多大的同步加速器，才能一方面媲美世界頂尖的光源設施，一方面又能符合有限的預算。」

國輻中心要蓋的第二座光源設施，是中等能量的硬 X 光加速器，已經毋庸置疑。然而，加速器規模與基地大小有關，因此，必須優先解決地點問題。

一開始的設定，是另尋他址。

國輻中心座落竹科，現址已有台灣光源及多棟建築，幾乎不可能再塞進新的加速器設施。因此，2004 年 7 月至 8 月，國輻中心團隊四處尋找合適的地點，近從竹北、銅鑼，遠到屏東，都在考察評估之列。

然而，這個做法存在幾大已知挑戰：土地取得不易、環評曠日費時、分隔兩地無法共享設備與人事而導致墊高整體營運成本……；會不會有其他未知變素？沒有人知道，唯一知道的是，興建地點無法確定，新的加速器大小與興建規模也無法確定，規劃設計作業幾乎面臨停擺。

通關密碼：518

即便是科學家，有時也需要天外飛來的靈感。

2004 年 9 月 12 日，陳建德突然靈機一動，決定向上蒼請示，一口氣列了十個周長，最後 480 公尺到 500 公尺的選項獲得回應。「我們要蓋一座電子束周長 480 公尺以上的儲存環，」靈光一閃讓他找到具體方向，但哪裡有這樣的土地可以使用？

「有沒有可能就在現址興建？」

四天後，「我用奇異筆在投影片上依比例畫上 480 公尺周長、30 公尺寬的大環，在基地平面圖上不斷模擬，看看是否能夠套入現有的空地，」陳建德決定試試，但「繞了三十分鐘還是無解。」

就在看似無望的情況下，突然投影片停在建築物上，陳建德發現：「大環正套在現有行政大樓及研光大樓的外圍，被遮蓋的只有不會影響光源運轉與業務進行的餐廳和通往台灣光源儲存環的廊道。拆除這些空的建築物，就可以騰出大環的位置！」

欣喜若狂的他，連忙召集團隊舉行緊急會議，並即刻使用繪圖軟體繪製土木設計圖。結果證明，真的可以在現址基地內，放進新的加速器儲存環和周邊的光束線與實驗站。二

後來，為了進一步優化新的同步加速器功能，經過詳細計算，獲得最佳周長數字是 518.4 公尺。

高達 400 億元的效益

2005 年 7 月，國輻中心董事會完成《台灣光子源同步加速器籌建可行性研究報告》，提報給國科會。

報告中指出，台灣已具有足夠的技術自主能力，可在原有基地上主導興建一座電子束能量 30 億（最高 33 億）電子伏特、周長 518 公尺、超低束散度的台灣光子源，預計七年時間完工。

之所以有如此強烈的信心，國輻中心的理由是：從台灣光源的規劃設計、建造、系統整合到運轉維護，已經累積超過二十年的專業技術與經驗，後續又成功建立超導高頻共振腔及超導磁鐵等關鍵技術，加上相關人才及用戶都

台灣光子源土木工程動土典禮，時任行政院院長吳敦義（中）、國輻中心董事長李遠哲（左四）、國科會主委李羅權（左三）均到場參與。（圖／國輻中心提供）

不虞匱乏，相關研究成果也成績斐然。

「目前已是高亮度同步光源技術成熟期，應是更上層樓、興建台灣光子源水到渠成的良機，」可行性研究報告中展現十足的信心。

至於為何電子束能量設定在 30 億電子伏特，則是理智評估的結果。

放眼當時全世界的同步光源，僅有日本（春八，80 億電子伏特）、美國（美國先進光子源〔Advanced Photon Source, APS〕，70 億電子伏特）、歐洲（ESRF，60 億電子伏特）等經濟強國或區域合建，才能打造所費不貲的高能量同步加速器（指 60 億電子伏特以上）。

相對來說，當時全球其他多數國家選擇的都是較具經濟效益的中能量（20 億至 40 億電子伏特）同步加速器。在二十一世紀初期，全世界已經完成或正在建造的中能量同步光源已有十多座。

考量國內預算及國際趨勢，國輻中心建議，興建中能量的同步光源，電子束能量設定為 30 億電子伏特，同時以超低電子束束散度及充足的出光口數量為設計目標，確保能達到高亮度、高穩定度及高可靠度的 X 光光源，滿足跨領域尖端科研實驗所需，不失為一個兼顧經濟效益與科研需求的選項。

行政院於 2007 年 3 月同意「台灣光子源同步加速器興建計畫」，2009 年 6 月核定修正案，整體興建預算達 68.8

億元，計劃在原址興建台灣光子源，可提供四十八個出光口，總建築面積達 5.3 萬平方公尺。

完工後，台灣光子源將成為台灣有史以來規模最大的跨領域共用研究平台，並躍居世界上亮度最高的同步加速器 X 光光源之一。即便造價不低，但預估創造效益將超越造價達 400 億元之多。

施工難關重重相疊

2009 年 12 月，國輻中心完成台灣光子源土木建築與機電工程發包作業，隔年 2 月舉行動土典禮。不過，儘管團隊已有相關興建經驗，後續的考驗仍接連不斷。

首先，土木工程的施工難度遠超過預期。

相較於台灣光源在一片荒土上從零開始，台灣光子源的興建工程緊鄰台灣光源既有設施與建築，必須在不影響現有研究的前提下進行。

以震動問題為例，「震動是影響光源能否穩定運轉的關鍵因素之一，因此施工時，必須鋪平路面或使用低震動、隔離設備，降低大型車輛進出及機器設備運作產生的震動，並且盡量控制來自地表的震幅影響，」台灣光子源土木工程分項計畫主持人王昭平解釋。三

此外，國輻中心所在地是一座山坡，台灣光源與台灣光子源的落差高達 14 公尺，土木工程從新、舊儲存環館交界處開挖時，一方面要維持台灣光源儲存環的正常運作，

一方面要盡量減少儲存環的沉陷量，對於開挖技術、安全支撐與工程管理都是考驗。

開挖之後，又遇到重大挑戰。

儘管事先已探勘地質，但開挖時還是意外發現一道深、寬各約 10 公尺，長約 100 公尺的軟弱土層，偏又遇上當時正值颱風季節，雨勢不斷讓施工團隊無法即時挖除與回填軟弱土層，只能緊急採用混凝土強化。幸好，試做一區後，通過壓力測試，後續就以這種方式處理。

解決了軟弱土層的棘手問題，卻使得經費增加一千多萬元，工期也得拉長，主管機關國科會於是要求檢討相關人員疏失，並質疑地質鑽探有漏失……，計畫成員的士氣，難免受到打擊。

不僅如此，進入打樁作業階段，由於產生的震動會影響精密度要求極高的同步輻射實驗，因此僅能在周遭人、車較少的假日進行，工程進度再次受到影響。

持續累積的疲憊

在台灣光子源興建計畫啟動後，國輻中心幾乎全員投入，但現有的台灣光源運轉仍舊必須維持，研究工作及用戶支援也不能間斷。

每個人都處於蠟燭兩頭燒的狀態，加上受到員額限制，不能立刻增聘人員，往往只能一個人當兩個人用。

為了加速計畫的執行，加速器工程與土木工程幾乎同

步進行，但基地處於施工狀態，並無多餘空間可供使用，團隊只好先向外承租舊廠房，進行各個子系統的組裝與測試，等到土木工程完成，再將子系統的組件運回中心安裝、測試，比起原地組裝測試要辛苦許多。

工作量大增，工作環境也變得很糟。

在大興土木階段，光是廢土就運送了幾萬輛卡車，空氣中更是瀰漫著落塵，所有員工到戶外都要戴著口罩，而且幾個小時就得更換一次，建築物的外觀也布滿灰塵，再加上餐廳臨時拆除，所有員工被迫吃了四年便當⋯⋯

「四年後，就有新的同步光源問世！」或許是因為這樣想著，所以即使工作環境變得極差，在國輻中心也沒什麼人心生不滿。

只是，原本預計在 2012 年完成的土木工程，最後延到 2013 年 4 月完工，接著進入加速器安裝工作，但就在團隊進行加速器試車作業的關鍵時刻，卻遇到電子束經由線型加速器注入增能環後竟運轉失控的重大問題，從 2014 年 8 月到 10 月，所有人不斷摸索調整，始終難以解決。

七條白綾請罪的決心

「我們努力十年，如果失敗，就拿著七條白綾，到新竹東門城謝罪、自行了斷！」陳建德憂心台灣光子源這個重大國家計畫可能以失敗收場，對計畫共同主持人及五位分項計畫主持人說。

台灣光子源團隊。左起依序為計畫總主持人陳建德、計畫共同主持人羅國輝，以及分項
計畫主持人許國棟、郭錦城、王昭平、王兆恩、陳俊榮。（圖／國輻中心提供）

陳建德很少講出這樣的重話。

恰好，這段時間，一位好友提醒陳建德：「2010年動土時，有向中心附近的土地公廟許願請求工程順利，但 2013 年完工時，有沒有向土地公稟報進度？」

「確實沒有，」陳建德心裡想著，連忙帶上鮮花素果前往還願。

擲筊後，陳建德獲得回應：「可在 2015 年舊曆年前達到 30 毫安培（mA）。」

面對問題，解決問題

與其說是上天的幫助，不如說是藉由信仰，獲得一股「相信」與「安定」的力量，讓他重拾信心，帶領團隊繼續前進。而且，天助自助者。

去土地公廟拜拜後第八天，磁鐵小組成員突然靈機一動，手持強力磁鐵進入增能環，發現原來是真空腔體的導磁係數太高，導致磁場扭曲，電子束進入後運轉失控。

面對問題，解決問題。團隊經由實驗確認，藉由加熱到攝氏 1,050 度高溫，便可讓真空腔體導磁性消失。接下來的問題就是，如何加熱到這樣的高溫？

幾經尋覓，終於在台南找到一家廠商，可以協助進行熱處理。之後重新安裝，電子束運轉測試成功。

「總算鬆了一口氣，七條白綾也終於可以轉化為代表敬意與吉祥的哈達，」陳建德笑說。[四]

兩大光環同步運轉

2014 年 12 月 12 日，台灣光子源增能環試車成功，緊接著進行儲存環試車。

2014 年 12 月 31 日，在國人準備迎接新年第一道日出曙光的同時，台灣光子源綻放出第一道同步輻射光，達成年度設定目標，並在 2015 年 1 月 15 日，順利將電流提高到 30 毫安培。

2015 年 1 月 25 日，台灣光子源舉行落成典禮，時任總統馬英九親臨主持。

回顧過往，國輻中心花了七年時間，從動土到加速器成功試車，建造完成電子束周長為 120 公尺的「小環」台灣光源，後來卻以不到五年時間，興建完成周長 518 公尺的「大環」台灣光子源，之後不到一年時間又將儲存電流提升一百倍，成為世界上三大最強光源之一。

從小環到大環，成就不在於軌道周長從 120 公尺增長到 518 公尺，也不在於 X 光亮度可增加十萬倍，而是這項任務，舉凡加速器系統的設計、品管、組裝及整合，幾乎都由台灣團隊一手包辦，外籍顧問扮演的角色非常有限，擺脫了台灣光源興建時期必須仰賴外籍專家提供專業技術的模式。

成功的背後，有賴於一支強大的「國家隊」。數十家台灣廠商協力參與，涵蓋土木與機電、磁鐵、低溫系統、精

台灣光子源在2014年最後一天綻放光芒，開啟次日2015年世界光年的序幕，受到全世界的注目。（圖／國輻中心提供）

台灣光子源緊鄰台灣光源，寫下雙環傳奇，同步運轉、綻放光明。（圖／國輻中心提供）

密機械、儀控、電源、真空、加速器等領域，在引領前瞻
科學研究大步邁進的同時，也提升了產業研發實力。

「在人力與預算限制下，要兼顧施工品質與時程，是一
項十分艱巨的工作……，所有土木、機電、磁鐵、電源、
儀控、真空、機械、低溫、高頻等子系統的準確度、精密
度、可靠性，以及各子系統間細部設計與施工介面的整
合，都比之前更具挑戰，建造台灣光子源的困難度是台灣
光源的十倍以上，」陳建德這麼形容。[五]

當「小環」與「大環」一起運行，創造了台灣科學史
上的重大里程碑，大家也一起見證了陳履安在光源啟用
二十週年賀詞所說的「兩大法輪同步運轉，大放光明」的
願景。

一　許火順、林錦汝（2020.01）。〈陳建德〉。《國家同步輻射研究中心口述歷史初稿》，內
　　部資料。新竹：國家同步輻射研究中心。

二　陳建德（2011.02）。〈劃時代的科學研究利器——超高亮度的台灣光子源〉。台北：《物
　　理》雙月刊33卷1期。

三　同參考資料二。

四　同參考資料一。

五　同參考資料二。

8 開展期
打造世界級科研重鎮

　　台灣光子源自 2014 年年底綻放第一道光芒後,加速器與建團隊仍緊鑼密鼓趕工,先是利用傳統的高頻共振腔達到 100 毫安培儲存電流的第一階段目標,再更換成超導高頻共振腔及插件磁鐵,於 2015 年 12 月 12 日將儲存電流推升到 520 毫安培。時隔不到一年,儲存電流提升百倍。

　　這樣的成績,不僅團隊感到振奮,連全世界都刮目相看。當時,全球僅有三座 30 億電子伏特光源設施,包括:美國的 NSLS-II、瑞典的 MAX-IV、台灣光子源,其中又以台灣光子源儲存電流最快達到 500 毫安培。

　　這座由國人自行設計及建造組裝的同步光源,光耀了台灣,也照亮了世界。

三階段建置二十六條光束線

　　2016 年 9 月,國輻中心舉行台灣光子源啟用典禮,開放第一期四條光束線實驗設施供用戶使用,由總統蔡英文親臨主持,諾貝爾物理獎得主丁肇中與國輻中心前董事

2015年12月14日台灣光子源儲存環電流達到520毫安培，成為全球第一個達標的最亮光源之一。國輻中心董事長陳力俊（前排右六）、計畫總主持人陳建德（前排右七）暨先後四位主任劉遠中（前排右四）、張石麟（前排右三）、果尚志（前排右五）、羅國輝（前排右二）與全體同仁共慶歷史性的一刻。（圖／國輻中心提供）

長、諾貝爾化學獎得主李遠哲也出席典禮。

　　蔡英文在典禮中致詞表示，台灣光子源的建造，結合了先進加速器科技、精密機電、自動控制及高精度測量等尖端技術，工程技術門檻極高，但許多台灣廠商接受嚴苛挑戰並努力提高技術層次，是國人高科技實力的最佳展現。他期待，未來有更多台灣研究學者，能像丁肇中及李遠哲一樣，運用加速器設施進行研究，開創更多科技奇

蹟，贏得科學界最高桂冠──諾貝爾獎。

啟用之後，台灣光子源光束線的興建工程仍在持續，預計分三階段，建置二十六條光束線：

第一階段，建置七條光束線，於 2017 年年底全數完成並開放用戶使用。

第二階段，建置十條光束線，除了微米晶體結構解析、奈米 X 光顯微術以外，均於 2020 年年底完成建置。

第三階段，建置九條光束線，預計在 2026 年完成。

鑄造科學研究超級武器

台灣光子源的 X 光亮度約為台灣光源的十萬倍，是當今世界上亮度最高的光源設施之一，僅需要極短時間便可透視奈米等級的 3D 結構，儼然成為產、官、學、研各界的超級研究利器。

「台灣光子源完成後，可開創嶄新的實驗技術，包含超高能量解析、超高空間解析、超高同調性、皮秒級動態時間解析、極端物理狀態、微弱訊號或微量樣品等的能譜、散射、繞射、顯微等，讓科研水準大幅提升，探索更深入、前人未及的科學奧祕，」台灣光子源計畫總主持人陳建德深表期待。

「科技發展至今，仍有許多未知與尚待開發的領域……，台灣光子源提供前瞻的研究與開發工具，結合科學家們的創意發想，將能激盪出新火花，點亮一條通往創

新科技的康莊大道，對人類生活福祉產生重大貢獻，」國輻中心前主任果尚志充滿信心地說。

依照國輻中心的規劃，台灣光子源可運用三大類型的研究，建構出各具特色的實驗設施，例如：

光譜類設施，是鑑定元素價數與能階分布的快速反應部隊。

影像類設施，是超亮 X 光顯微鏡，可透視微觀物質 3D 構造與動態反應，包含 PM2.5 霧霾或電池粒子動態反應，對於文物與生物組織也都能看得一清二楚。

散射類設施，主要用於晶體材料結構解析，特別適合應用在蛋白質結晶學，這也是目前解析生物分子結構與藥物開發最有效的方法之一。

開展跨產業科技創新

在如此多樣的光源設施下，台灣光子源的適用範疇愈來愈廣，包括：生醫、材料、環境、能源、半導體等領域。(詳情請見第三部「點亮台灣」)

以生醫領域為例，客戶包含神隆生技、浩鼎生技、永昕製藥、台耀化學、寶血純化、生物技術開發中心、國家衛生研究院等，甚至吸引日本製藥公司前來使用，不僅協助分析致病分子結構以設計標靶藥物，也解開病毒感染機制、發展新型疫苗及藥物。

其他產業也紛紛借重台灣光子源的先進設施，像是綠

能產業研發創能、儲能及節能材料，應用在鋰電池、燃料電池及太陽能電池等項目；半導體產業分析晶片材料的電子與晶體結構，用來改善關鍵製程並開發先進的奈米晶片，應用於消費性電子產品與物聯網技術。

全球晶圓製造龍頭台積電，每年使用台灣同步光源均超過一千小時，就是最好的例證。

不過，台灣光子源除了可供科學研究使用，對於與生活相關的產業同樣有幫助，舉凡農漁業、文物科學鑑定、刑事鑑定、環境保護防治、國防自主研發等，都有相關成果，例如：協助故宮歷史文物驗明正身；協助刑事單位進行鑽石、寶石等微物鑑定分析；應用在 PM2.5 霧霾研究、開發 CO_2 轉化觸媒解決溫室效應等；以及協助國軍進行二代機隱形塗料研發。[二]

台灣光子源的實驗設施具備高空間解析度（微奈米級）、高時間解析度（皮秒級）及同調性光源等特性，可進行光譜與散射等實驗，補強綠能科技、生技醫藥、微奈米科技等領域的技術缺口。

種種成績，讓世界各國看見台灣。

2018 年，國輻中心爭取到國際同步輻射儀器研討會（International Conference on Synchrotron Radiation Instrumentation, SRI 2018）首度在台舉辦。

國際同步輻射儀器研討會是全世界最重要且規模最大的加速器和自由電子雷射儀器發展國際會議，自 1982 年首度

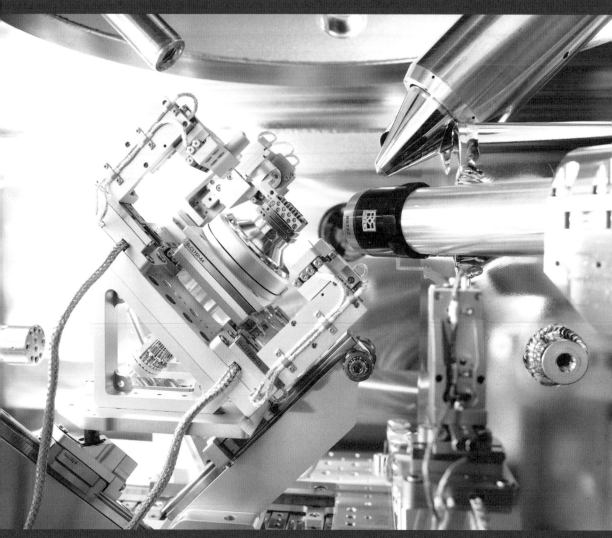

從台灣光源到台灣光子源，國輻中心引領台灣成為全球同步光源科研重鎮。圖為台灣光子源奈米繞射實驗站設備。（圖／國輻中心提供）

舉行，每三年由歐洲、美洲及亞太地區輪流舉辦，到 2018
年已是第十三屆。近四十年來，這項會議均由擁有先進加
速器光源設施的國家主辦，此次落腳台灣，是全球同步輻
射社群對台灣的肯定。

科技外交更上層樓

在台灣光源時期，國輻中心就已藉由輸出同步光源知
識與技術，以科技外交模式增進台灣與東南亞、中東國家
的外交關係；在台灣光子源營運之後，類似的國際交流日
益密切，也跟更多國家展開更緊密的合作。

譬如，德國馬克斯普朗克研究院（Max Planck Institute,
MPI）看好台灣光子源的優質光源品質，與國輻中心、淡江
大學合資興建次微米軟 X 光能譜光束線及軟 X 光能譜實驗
站，於 2019 年 5 月正式啟用，針對超導、奈米與磁性材料
等先進材料攜手研究，也是台灣與德國雙邊緊密合作、展
開科研計畫與人才交流的重要里程碑。

在東南亞國家中，泰國與台灣的同步社群向來合作緊
密。台灣除了早期協助泰國建置及運轉暹羅光子源（Siam
Photon Source），也持續提供技術諮詢與人才培育。2019
年，泰國政府決定興建新光源，預估投資 49.5 億泰銖，泰
國同步加速器光源研究所董事會特別來台取經，觀摩台灣
的加速器及光束線實驗設施，並期待新光源興建時能夠擴
大技術合作。

至於原本就有深遠情誼的日本及澳洲，不僅再續前緣，合作層次與規模都更上一層樓。

台灣與日本春八自 2000 年開始合作，時間超過二十年，雙方使用兩條光束線，在尖端材料與生醫科學等領域共同發表於國際期刊的 SCI 論文達 550 篇以上，至今，台灣仍是除日本之外唯一在春八建造光束線的國家。

2020 年，台、日雙方簽訂第三次合作備忘錄，希望針對半導體、綠能材料、病毒與藥物開發等，帶動更多創新性與應用性的科學研究，並將共同研發高能量同調 X 光先進實驗技術。

至於台灣與澳洲合作營運的冷中子三軸散射儀，雙方也在 2020 年簽署第二次合作協議，除了繼續由國輻中心營運，還將深化中子科技的科研合作和人才培育交流。事實上，近幾年來，台、澳在中子研究領域也有不錯的進展，包含綠能、生醫、航太、材料等領域，都有優秀的研究成果發表，每年有二十多篇論文登上包含《自然》(Nature)等國際知名期刊。

科研沒有疆域之別

放眼未來，春八規劃在 2026 年升級，成為世界最亮的高能量光源，屆時台灣研究人員不僅可運用台灣光源、台灣光子源及春八的兩條光束線，涵蓋完整能量範圍，還可運用澳洲 ANSTO 合作的國際級中子實驗設施 SIKA，可以

說是整合光子、電子、中子等粒子源的跨領域研究機構。

　　世界是平的，科學研究更沒有疆域之別。當這座打破國界、領域之別的科研平台成形，不難想見，日後一定會有更多對人類有重大貢獻的科研成果，在這幾座「台灣之光」設施內發生，引領台灣成為全球同步光源科研重鎮。

一　陳建德（2011.02）。〈劃時代的科學研究利器——超高亮度的台灣光子源〉。台北：《物理》雙月刊33卷1期。

二　〈台灣光子源對科學與產業之卓越貢獻〉（2019.09.19）。行政院網站。取自：https://www.ey.gov.tw

第二部
追光的先行者

台灣的同步輻射發展，

從播種、萌芽到全面開展，

有許多前輩本著成就不必在我的胸懷，

跨越時空，無私奉獻，

照亮歷史長空。

1 台灣基礎科學耕耘者

注入科技活水
——浦大邦

位於台大總校區的中研院原子與分子科學研究所（簡稱原分所），門口的牆上有面紀念牌，上面寫著「浦大邦紀念講堂」，以及「ROBERT T. POE」、「1935-1984」字樣，同時刻有浦大邦的浮雕肖像。

出生於北京的浦大邦，1948 年隨家人遷至台灣。師大附中畢業後，1953 年赴美留學，以優異成績畢業於明尼蘇達州聖保羅城哈姆萊大學（Hamline University）、取得加州大學柏克萊分校理論物理博士學位，後來投入高能物理實驗研究工作，研究領域涵蓋原子物理、高能物理、高能重離子物理、能源科學等範疇。

自 1964 年起，他就在加州大學河濱分校物理系任教，並於 1976 年至 1981 年間擔任系主任，後來也擔任加州大學河濱分校能源科學計畫主持人。在科學研究工作之外，他還兼任國內外幾個科學組織的委員代表，在美國與台灣兩地的物理界與科技圈相當活躍。

提到浦大邦對台灣基礎科學的貢獻，莫過於他促成

了中研院原分所及同步輻射研究中心這兩大研究計畫。其中，同步輻射可說是基礎科學領域的一大瑰寶，是執行尖端實驗研究的利器，而他倡導科學團隊進行有組織的研究，更促進台灣科學界打破以往個人獨立研究、單打獨鬥的作業方式，開展跨域合作風潮。

無奈，浦大邦英年早逝，過世時還不到五十歲，但他對台灣基礎科學發展的貢獻，不可抹滅。

為基礎科學奠基

把時間拉回七〇年代。

經過二、三十年整備，台灣在 1973 年啟動「十大建設」計畫，而那時全球科技發展進程之一，是雷射技術與同步輻射光迅速發展，促使原子與分子科學成為新興研究領域。對當時的台灣來說，要發展一個跨領域的大型研究設施，又能整合物理界與化學界，並與工業發展密切結合，衡量各項客觀條件後，同步輻射成為適合發展的選項之一。

1979 年 8 月 23 日至 25 日，台灣首次舉行大型國際科學會議「原子與分子科學研討會」。這場會議由浦大邦倡議，與在美國太平洋路德大學（Pacific Lutheran University）任教的湯光天共同規劃[二]，並和清大物理系教授單越與閻愛德共同主辦，邀請十位國外學者參與，主要講員包括：李遠哲、德國馬克斯普朗克研究所所長托尼

中研院原分所門口的浦大邦雕像紀念牌，代表學術界對他的感念與追憶。（圖／國輻中心提供）

斯（Peter Töennies）、美國奧勒岡大學物理系教授克拉斯曼（Bernard Crasemann）。

　　然而，研討會邀請的國外講員頗多，物理中心卻經費不足，於是向時任政務委員李國鼎尋求協助，「李先生熱心補足經費缺口，但這件事讓當時的國科會主委徐賢修感到不愉快，」閻愛德回憶，後來，要邀請研討會開幕致詞人選，眾人又在徐賢修與李國鼎之間猶疑不定。

　　此時，浦大邦另闢蹊徑，建議邀請剛卸任不久的總統嚴家淦致詞。

　　「浦大邦尊翁浦熙鳳與嚴前總統有淵源，嚴前總統不僅

答應了，還在之後對李政委和徐主委說：『他們小孩子做事辛苦了，有做錯的地方，不要放在心上……』」閻愛德對於嚴家淦處事細膩的風格記憶猶新，而這也反映出那一代人處理事情與化解紛爭的方式。

研討會後，浦大邦主持了「未來的方向——機會與挑戰」座談會，討論未來台灣在科學領域發展的可能性，國內外學者達成了在台灣發展原子與分子科學及同步輻射光源的共識。三之後，浦大邦即全力投入推動這兩大研究計畫，也因此促成原分所與同步輻射研究中心的成立。

1982 年 1 月，國科會成立同步輻射可行性研究小組，小組成員積極蒐集資料，並與海外同步輻射、實驗室聯繫，經由浦大邦的協助與安排，參訪美國多處同步輻射設施，同時設法聯繫在美學人。

十個月後，1982 年 11 月，《同步輻射可行性研究報告》完成，其中的誌謝文寫著：「我們在此特別要感謝浦大邦先生所給予的一切指導與協助。他的協助和安排，使我們的工作得以順利進行。他的鼓勵，更是我們精神上的支柱。」四浦大邦的卓著貢獻，盡顯其中。

突破行政系統瓶頸

浦大邦的專業成就有目共睹，然而他的談判協調能力也不遑多讓。在同步輻射計畫卡關的關鍵時刻，他巧妙運用父親浦薛鳳曾任北平清大政治系教授，以及魏道明、陳

誠、吳國楨和俞鴻鈞四位陸續擔任台灣省省主席祕書長的豐沛黨政人脈，突破困境。

早年，台灣科技界有北派、南派之別，分別以吳大猷與李國鼎為首。吳大猷力挺在台興建同步輻射，但當時主持科技大政的政務委員李國鼎卻持反對態度，理由是當時台灣缺乏加速器人才，同時他也擔心興建完成後缺少用戶，因此傾向於補助有需要的科學家到國外使用同步輻射設施，毋須自行建置，導致相關計畫僵持不下。

面對兩派意見歧異，浦大邦多管齊下，一方面積極聯繫國外華裔加速器專家提出加速器構想；二方面，他也同步構思用戶培育事宜，確保加速器建成時，有人懂得如何使用。

不僅如此，浦大邦經由父執輩、時任原能會主委閻振興提點，安排袁家騮與吳健雄回台參加研討會，並分別拜會時任總統蔣經國、行政院院長孫運璿，說明同步輻射計畫的重要；此外，他也促成在某次吳大猷主持的早餐會報上，親自向科導會諸位委員簡報，獲得一致支持，並做成決議向蔣經國建議。[五]

經過大家一番努力，加上國外科技顧問背書，李國鼎態度轉為支持。

1983 年 7 月，行政院核定成立指委會與策劃興建小組，浦大邦獲聘為指導委員，次年成立用戶培育小組，展開籌建工作，由浦大邦擔任用戶培育小組主任、閻愛德擔

任副手。

「我個人在學術界多年，很少見到像浦大邦這樣能將不同的人結合在一起做事的人，他到各處都能結交朋友，這多少與他的家庭背景有關，」美國南加州大學物理系教授張圖南如此描述他於加州大學河濱分校攻讀博士學位的指導教授浦大邦。

浦大邦順利突破當時在行政系統遇到的瓶頸，讓人見識到這位科學家特有的溝通協調能力，難怪中研院前院長李遠哲會以「神通廣大」來形容他。

將生命奉獻給台灣

一心回饋所學給台灣，浦大邦竭盡一生，推動成立原分所、建置同步輻射中心，不料卻在曙光漸露之際，不幸英年早逝。

1984 年 12 月 15 日，臨近耶誕節的日子，特意自海外返台參加指委會會議的浦大邦，一大早出席中心工作會報。

當時，科學園區管理局副局長李東陽正在報告中心土地事宜。

突然，有人聽到呼吸急促的聲音，轉眼便看到浦大邦口吐白沫、臉色發紫。

沒人知道到底發生什麼事……

「救護車一直找不到會議室入口，等他們終於抵達現場，將浦大邦緊急送醫，卻回天乏術……」鄭國川與劉遠

八〇年代初期，浦大邦（右）安排可行性研究小組張秋男（中）與鄭國川（左）參訪史丹佛同步輻射實驗室，完成可行性評估報告，爭取政府同意興建台灣光源。（圖／鄭國川提供）

中事後轉述，「浦大邦因心肌梗塞辭世，年僅四十九歲。」六
這個消息，對當時推動計畫的其他成員來說，是非常沉重的打擊；甚至，三十年後，閻愛德回憶這段往事，想到要通知浦夫人這個不幸消息的心情，依然覺得那是他這輩子最艱難的事。

　　之後，閻愛德強忍悲痛，放棄原本的生涯規劃，扛起繼續推動建造同步加速器的重責大任。歷經近十年努力，終於讓台灣光源於 1993 年 4 月 13 日試車成功，成為全世界第三座、亞洲第一座第三代同步輻射設施，完成浦大邦的遺願。

不過,對浦薛鳳來說,終究是白髮人送黑髮人的慟,他在《傳記文學》寫下「聲名遠比壽齡長」,追憶浦大邦如何將一生奉獻給國家。誠如張圖南及閻愛德所述:「浦大邦是天生的教師與領導者、專注認真的科學家,不僅致力於科學的提升、後進的培育及提攜,同時也為太平洋兩岸地區國家搭建起溝通交流的橋梁。」七

浦大邦的驟逝,讓世間留下許多嘆息,但他對台灣基礎科學推進與人才提攜的貢獻,已為當代科學歷史寫下令人驚嘆的一頁。

一 張圖南、閻愛德(2005.08)。〈浦大邦——壹個推動台灣基礎科學的耕耘者〉。台北:《物理》雙月刊27卷4期。

二 浦大邦、湯光天。〈Symposium on Atomic and Molecular Science 〉(August 23-25,1979),內部資料。新竹:國家同步輻射研究中心。

三 同參考資料一。

四 行政院國家科學委員會同步輻射可行性研究小組(1982.11)。《同步輻射可行性研究報告》。新竹:國家同步輻射研究中心。

五 劉源俊(1995.04)。〈浦大邦與台灣的科學發展〉。台北:《物理》雙月刊26卷4期。

六 許火順、林錦汝(2020.01)。〈鄭國川〉。《國家同步輻射研究中心口述歷史初稿》,內部資料。新竹:國家同步輻射研究中心。

七 同參考資料一。

2 台灣同步輻射推手

提升華人研究水準
——袁家騮

身為知名國際物理學家，袁家騮不僅是推動台灣同步輻射設施籌建的主要倡議者，更是直到近九旬高齡，仍持續為同步輻射中心的發展勞心勞力。一生風範，深深影響後輩科學家。

熱愛科學，執著一生

袁家騮的獨特，除了他的無私奉獻，還因為他的特殊身世。他是中華民國首任大總統袁世凱次子袁克文的第三個兒子，從小就展現過人的聰明才智，而且相當熱愛科學；中學期間就讀新學書院，對物理學產生濃厚興趣，把零用錢都拿來買礦石及電子零件，自己動手組裝收音機。

後來，袁家騮進入北京燕京大學物理系，師承著名理論物理學家謝玉銘，接著繼續攻讀研究所，取得碩士學位。他對當時剛發明的無線電發報頗感興趣，獲得同樣關注無線電通訊技術的燕京大學校長司徒雷登賞識。

研究所畢業後，袁家騮本可出國深造，但那時已家道

中落，付不起出國學費的袁家騮，一度到叔叔的煤礦公司工作。不過，司徒雷登覺得袁家騮是難得的人才，於是幫他申請獎學金，袁家騮於 1936 年隻身前往美國加州大學柏克萊分校進修，一年後，轉往洛杉磯加州理工學院就讀。

1940 年，袁家騮取得博士學位，留校擔任物理研究員；1942 年，他與有「中國居禮夫人」之稱的物理學家吳健雄結為連理，神仙眷侶傳為佳話，兩人白頭偕老共度五十五年，也是推動台灣建置同步加速器、讓基礎科學扎根台灣的關鍵推手。

袁家騮的專長是在無線電領域，卻在高能物理研究寫下極大成就。第二次世界大戰結束後，他前往美國普林斯頓大學從事宇宙射線中子來源研究——四〇年代末，他搭乘 B-29 轟炸機，帶著科學儀器到七千公尺高空進行實驗，首次證明宇宙射線中的中子是打到大氣層後所產生的二次粒子，而非本就存在的原始粒子，這是他針對宇宙射線極具代表性的研究發現。

後來，袁家騮應邀到 BNL 參與建造史上第一個高能質子加速器，那也是當時世界上能量最高的 30 億電子伏特大型質子同步加速器。年紀尚輕的他，卻能在世界級的科學研究計畫中扮演要角，名動華人科學圈。

加速器建造完成後，袁家騮利用這套先進設施，投入首次的高能質子散射實驗。這個實驗的題材、方法及採用的儀器，都為近代高能物理實驗帶來重大影響，至今仍為

美國、俄羅斯及歐洲科學家沿用。二

心繫兩岸科研發展

袁家騮在高能物理研究的傑出成就，很早便舉世聞名。可貴的是，已是國際知名物理學家的他，仍心心念念提升兩岸科學研究。

六〇年代之後，他獲得全美華人協會傑出成就獎、駐美工程師協會科學成就獎、美國物理學會會士、紐約科學院院士、中研院院士等殊榮，並曾擔任歐洲原子能中心、前蘇聯高能物理研究所、巴黎大學的訪問教授，同時也是中國大陸多所大學名譽教授。

1981 年 9 月，時任中研院院長錢思亮於美國召集美東院士會談時，袁家騮與吳健雄建議，在台灣籌建一座同步輻射，提升基礎科學與應用科學研究水準。不過，當時行政院並未即刻同意，而是討論一年多後才拍板。

「是否會造成經費排擠？」是當年眾人猶疑的重點，但是，「後來這項計畫需要的經費直接由行政院設立單獨預算，經立法院通過，不牽涉政府現有科技經費，因此不會影響其他科研計畫的發展……」袁家騮說。三

1983 年 7 月，行政院同意設立同步輻射研究中心，敦聘袁家騮擔任指委會主任委員，督導同步輻射籌建。一做，便是十九年，直到 2003 年，同步輻射中心改制為財團法人方才卸任。

袁家騮是推動台灣同步輻射設施的主要倡議者，直至九旬高齡仍為國輻中心的發展竭盡心力。（圖／《光華》雜誌提供）

總統府頒授同步輻射中心指導委員會主任委員袁家騮（左四）三等景星勳章，閻愛德（左三）、劉遠中（左二）獲頒行政院三等功績獎章，由時任行政院院長連戰（左五）代表授予。（圖／國輻中心提供）

　　成為主委後，袁家騮便經常往返台、美兩地，每年更兼程返台主持指委會與技評會等重要會議；甚至，為了讓會議順利進行，召開指委會會議之前，他都會逐一去電，跟委員們討論同步輻射中心遇到的問題，並且在籌建台灣同步加速器的過程中，以他在國際科學研究的尊崇地位及寬闊眼界，號召海內外專家學者一同參與。

　　1993 年 4 月，台灣光源試車成功，同年 10 月舉行啟用典禮，隔年袁家騮便獲總統府頒授三等景星勳章，表彰他對台灣科學界的特殊貢獻。

　　台灣的同步輻射設施興建完成時，袁家騮已經八十多歲，但他仍經常搭機來台，為同步輻射中心法制化問題四處奔波，希望能擺脫政府人事、預算等僵化限制，讓中心

的人才延攬與研究發展更有效率。

　　在袁家騮居中奔走努力下，2003 年 1 月，行政院同步輻射研究中心籌建處改制為「財團法人國家同步輻射研究中心籌備處」，同年 5 月正式成立「財團法人國家同步輻射研究中心」。

為台灣培育科學人才

　　袁家騮熱愛科學，也不忘為台灣培養科學人才。

　　1993 年，台灣光源剛建造完成，當時僅有三條光束線，如何在有限資源下發揮最大效益，成為思考的重點。那段期間，袁家騮經常與梁耕三、翁武忠與陳建德三人討論，應該如何審核使用這些光束線的實驗計畫，分析哪些計畫可以做出好的科學結果。

　　意外的是，談著談著，竟然讓三位海外專家起心動念，決定返台。一開始，三個人都沒想到要回台灣，只是多次前往袁家騮與吳健雄的寓所。從審核計畫開始，接著規劃五年計畫、十年計畫，籌劃如何循序漸進，從三條光束線擴建增到二十餘條。

　　為了落實五年計畫，翁武忠、陳建德、梁耕三返台數次，袁家騮、吳健雄、李遠哲、丁肇中等幾位指委更積極游說陳建德回台擔任同步輻射中心主任，領導中心的發展。最後，這三人陸續返台，於 1994 年、1995 年、1997年擔任副主任、主任。

被袁家騮打動的，還有一位鄭士昶。他原本便在同步輻射中心任職，1990 年離開，而在六年後，鄭士昶已是東海大學教務長，並有望更上層樓。

袁家騮為了延攬優秀人才、推動中心發展，親自前往台中，邀請鄭士昶回中心幫忙；之後，劉遠中、張石麟、陳建德又再聯袂前往。幾番敦請，鄭士昶深受感動，決定放棄高位，擔起同步輻射中心副主任一職，對日後中心法制化貢獻良多。

要做就做世界最好的

袁家騮對於新穎、特別的宇宙萬物總是充滿好奇心，他做學問最大的特點是眼光遠大、充滿毅力、強烈自信，堅持要做就做世界最好的。

同樣的態度，也表現在他推動台灣同步輻射計畫的當下。當指委會訂定加速器規格時，袁家騮的想法便是「要做就要做世界最好的」，選擇 13 億電子伏特全能量注射的第三代同步加速器，包括李遠哲、劉遠中等人回顧時，都認為袁家騮願意接受新挑戰、設下遠大願景，讓同步輻射中心走了一條雖然充滿未知但是對的路。

袁家騮與吳健雄夫妻雖然長年旅居美國，但對於提高華人科學研究水準、提攜華人科學界的後進不遺餘力。兩人捐出畢生積蓄，設立三個基金會，包括：在美國設立的吳仲裔（紀念吳健雄父親）獎學金基金會、在台灣設立的

吳健雄學術基金會、在美國設立的吳健雄袁家騮科學講座基金會，積極培育國內外青少年科學菁英、推廣科學教育。

袁家騮人生中的最後時光是在北京度過，他在醫院裡常坐著輪椅，到處跟人家打招呼，並且找冰淇淋吃。醫院裡的人都知道，他是位世界級的科學家，但他卻總輕描淡寫地說：「我只是經驗比大家豐富些罷了。」2003 年，他因心臟衰竭，病逝於北京協和醫院，享耆壽九十一歲。[四]

在台北舉辦袁家騮追思紀念會時，台灣學研界人士齊聚一堂，坐著輪椅的行政院前院長孫運璿也出席，與大家一起追思這位多年的好友。孫運璿在黃鎮台攙扶下，站起來與大家揮手致意，場面令人感動。

現在回過頭看，袁家騮一生致力的，無非是為新一代科學家開闢一條科學研究的康莊大道。他推動興建同步輻射、培育提攜科學人才，讓台灣得以躋身競爭的國際科學舞台，並探索嶄新的學術研究領域，點燃年輕人投入科學研究的熱情，為台灣學術界與科技界開創更閃亮的未來。

一 陳富香（2003.08）。〈高能物理實驗大師袁家騮〉。台北：《科學發展》368 期。

二 陳瑞蓉（2003.05）。〈哲人已遠，風範長存——追憶一代高能物理學大師〉。新竹：國家同步輻射研究中心第 53 期簡訊。

三 袁家騮（1993）。〈我和孫運璿先生多年友誼的回憶〉。《我所認識的孫運璿》。台北：財團法人孫運璿學術基金會。

四 同參考資料一。

3 東方居禮夫人

為台灣奠立科研基石
——吳健雄

在清一色以男性為主的美國科學界，建立無可取代的地位，堪稱是物理科學界的第一夫人。

2020 年 3 月，美國《時代》（*TIMES*）雜誌票選百年風雲女性，表彰 1920 年至 2019 年具有開創才能的女性，他的名字赫然在列。

2020 年歲末之際，《世界新聞網》報導，美國郵政總局宣布，2021 年發行的新年郵票中，其中一枚是以他的肖像設計。

他，是吳健雄。

許多人將吳健雄跟居禮夫人相提並論，但在多位諾貝爾獎得主眼中，他對科學實驗的高度投入與熱情，開創精采豐富的研究生涯，對科學界、華人社會甚至整個東方世界，都產生莫大的影響，成就早已超越居禮夫人；甚至，這些學術界大老相信，與諾貝爾物理學獎擦肩而過的吳健雄，在科學研究的貢獻，已超越諾貝爾獎。

吳健雄於 1912 年在上海出生，原籍江蘇太倉瀏河鎮，

吳健雄（左）與袁家騮（右）在催生台灣光源的歷程中，長者風範令人緬懷。
（圖／國輻中心提供）

小時候就讀於父親吳仲裔創辦的明德女校，在父母的嚴格管教下，加上他本就勤奮好學，成績始終名列前茅，十一歲便考進蘇州第二女子師範學校。

開啟他進入物理世界大門的，是高中畢業時父親贈送的一本大學物理教科書，讓他深受啟發，對物理學的世界相當著迷。大學時，原本就讀南京中央大學（東南大學前身）數學系，隔年便轉到較有興趣的物理系。

1936 年，吳健雄在叔父吳琢之支助下，遠赴美國密西根大學進修，不料才到加州，就遇到一位影響他一生的重要人物。吳健雄剛到加州即結識未來夫婿袁家騮，經他引薦，留在當時實驗物理設備一流的加州大學柏克萊分校物理系，跟隨諾貝爾獎得主塞格瑞（Emilio Gino Segrè）從事原子核衰變研究，並於 1940 年取得柏克萊物理博士學位。

五〇年代，吳健雄就在原子核物理研究領域嶄露頭角，並曾有多篇論文發表在當時國際物理學界最重要的期刊《物理評論》（*Physical Review*），而在中國大陸也開始有人稱他是「中國的居禮夫人」。

震撼全球的研究

與袁家騮結縭後，吳健雄轉往美國東岸工作。二戰期間，他在諾貝爾獎得主勞倫斯推薦下，以非美國籍身分，參與美國研發原子彈的極機密任務「曼哈頓計畫」（Manhattan Project, 1942-1946），協助有「原子能之父」稱

號的歐本海默（Robert Oppenheimer）解決核反應中子吸收問題，這項貢獻對「曼哈頓計畫」的成功至關重要。

吳健雄在原子核物理 β 衰變領域建立了權威地位，但真正讓他聲名大噪的，還是他於 1956 年以著名的鈷 60 原子核 β 衰變實驗，證明了楊振寧與李政道提出的「宇稱不守恆」理論。

宇稱不守恆理論成為當代物理學重要原理，吳健雄的實驗更是受到各方矚目，登上《紐約時報》頭版。然而，1957 年楊振寧與李政道因為宇稱不守恆原理獲頒諾貝爾獎，吳健雄卻未因此摘下桂冠，讓許多人為他打抱不平。二

超越諾貝爾獎的成就

儘管沒能獲得諾貝爾獎，但吳健雄在物理學的成就早已為國際認可，他曾獲得以色列「沃夫獎」（Wolf Prize）首屆物理獎、美國國家科學院「康士多獎」等殊榮，並成為普林斯頓大學創校百年來首位獲頒榮譽博士學位的女性，也是美國物理學會第一位女性會長。

吳健雄也是多位諾貝爾獎得主高度推崇的傳奇。

丁肇中認為，他在科學上的貢獻，比許多諾貝爾獎得主更大。

有核磁共振之父稱號的拉比（Isidor Isaac Rabi），在吳健雄退休晚宴上表示，雖然他被譽為「中國的居禮夫人」，但以對人類科學的貢獻而言，吳健雄的成就更在居禮夫人

之上。[三]

促成台灣同步輻射計畫

　　早年的吳健雄專注投入科學研究，奠定了他在全球物理界的權威地位；到了七〇年代，他與台灣的互動日益密切，經常與袁家騮一同參加中研院院士會議，也常受邀來台訪問或領獎，或是利用機會公開講學。

　　1980 年 10 月，美國物理學會召開「以物理為焦點之科學與其發展」研討會，吳健雄以前會長身分主持，邀請二十多位各國物理學會負責人商談國際合作事宜。此時，透過浦大邦聯繫，閻愛德以台灣物理學會理事長身分獲邀

吳健雄與多位世界級加速器專家關係良好，台灣的同步輻射發展也因而受益。圖為1986年吳健雄（左四）與同步輻射研究中心技評會委員（著「SRRC」T恤者）合影。（圖／國輻中心提供）

與會，建立與國際友人直接交流的管道，也和吳健雄交換彼此對台灣物理界發展的意見，同步輻射和原子與分子科學更是討論的重點。

1981 年 9 月，吳健雄和袁家騮在中研院院士會議上，建議興建同步輻射光源；1983 年，兩人返台參加原子與分子科學研討會，一起晉見時任總統蔣經國，促成同步輻射興建計畫。在往後十年中，吳健雄每年均來台出席中研院院士會議，同時擔任同步輻射計畫指委會及技評會委員。

晚年的吳健雄身體欠佳，但他心心念念台灣的科學研究工作，並且一直擔任同步輻射中心指導委員，直到 1997 年辭世為止。

1997 年 4 月 6 日，袁家騮依照吳健雄遺願，將他的骨灰帶至幼時就讀的太倉明德學校紫薇閣旁安葬。吳健雄的墓，墓體由貝聿銘設計，楊振寧題字、李政道撰文紀念。紫薇一直是吳健雄最愛的花樹，六年後，袁家騮逝世，同葬於紫薇花樹下。

吳健雄與袁家騮，舉凡有心記錄台灣光源的光榮歷史，絕對不會漏掉這兩個響亮的名字。

一 張聲肇（2020.12）。〈牛年新郵票紀念吳健雄、日裔老兵〉。世界新聞網。

二 江才健（1996.08）。《吳健雄──物理科學的第一夫人》。時報出版。

三 張潔如（2011.05）。〈【女科學家】雄心與優雅──物理天后吳健雄〉。CASE 報科學，2011 女科學家系列講座。取自：https://case.ntu.edu.tw

4 卓越領航科學家

建立典範與跨域合作模式——李遠哲

李遠哲是第一位出生、成長於台灣的諾貝爾獎得主，他自 1979 年回台參加原子與分子科學研討會後，即參與推動同步輻射計畫，擔任指委會指導委員與改制後的董事長、董事迄今，陪伴國輻中心從規劃到完成兩座同步光源，始終扮演卓越領航者的角色。

學界首度倡議建造大型光源

七〇年代後期，台灣產業型態漸漸轉型，開始有一種聲音出現：「國家經濟改善了，自然應該投入發展科學。」諸如李遠哲等海內外學者，便是抱持這樣的想法，戮力推動台灣科學發展。

1979 年，李遠哲受邀擔任「原子與分子科學研討會」講員。正是在那次會議中，學者首度提議台灣發展原子與分子科學、建造同步輻射加速器。

當時，以浦大邦為首的許多海外科學家都認為，世界上的先進國家均在建置高能加速器，但眾人也明白，台灣

同步輻射中心指導委員李遠哲（右）、吳健雄（中）與吳大猷（左）均十分關心台灣光源發展，不時相聚討論建造等相關事宜。（圖／國輻中心提供）

當時正值經濟轉型與竹科創立之初，需要投入大筆經費，因此基礎科學研究應該選擇台灣自身能夠調度預算、對未來產業發展有利的項目，而非盲目從眾，投入高能路線。

綜合評估之後，有識之士咸認為，原分所與同步輻射中心是以台灣現有經費便足夠資助創建。

提出同步輻射建言

1983 年，為籌設中研院原分所而經常返台的李遠哲，實地看到國內經濟、科技進展，曾寫信給時任國科會主委張明哲，表達他對台灣發展同步輻射的支持，因為他相

信，這是一項有份量、能夠聯繫不同領域科學家，並且使台灣研究達到國際水準的計畫。

返台前，李遠哲便常受邀參加美國 ALS 建造討論，並曾主持美國柏克萊 ALS 的一條光束線，領導研究群從事化學動力學方面的研究。因此，依照他對國際同步輻射發展趨勢的了解，認為台灣缺少現成人才能有效參與同步輻射發展，建議必須在過程中培養並訓練能夠擔負建造責任與未來使用光源的科學家。

這時的李遠哲尚未加入指委會，對台灣發展同步輻射的態度還是較為謹慎保守，於是他建議，國內先建造一部較小的、以真空紫外光使用為主的同步光源，等以後條件成熟再蓋較大的設施。

1983 年，李遠哲獲聘擔任第一屆同步輻射中心指導委員，也讓他對台灣同步輻射發展有了不同的見解。

發揮行政與科學領導力

行政院聘請海內外傑出科學家擔任指導委員，但當年負責執行的「國家隊」幾乎沒有經驗，如何達成目標？李遠哲認為，政府支持、培養國內團隊、國外合作等，都是重要因素。

「假如政府沒有投資巨額經費的決心與魄力，絕對不可能做到，」李遠哲指出，同步輻射是總統點頭、行政院院長同意後執行，但其他科學家難免擔心，如此龐大的資源投

國輻中心董事李遠哲在台灣光子源啟用典禮上致辭，感謝同仁的努力與政府的支持。同時強調儲存環如航空母艦，光束線則是戰鬥機，需要更多的光束線提供給科學研究。（圖／國輻中心提供）

入，會排擠到其他科學領域經費，因此以編列特別預算的方式進行。

「指委會中有李國鼎與蔣彥士等政界人士，他們兩位是負責國家科學研究經費的人，也是有高度眼界的人，當袁家騮、吳健雄提出建言，要蓋最好的同步加速器，並且獲得指委會認同，便義無反顧擔起解決經費的重任，」李遠哲談起過往點滴，至今記憶猶新。[二]

除了事前的投資建置，事後的經費運用能否保持彈性，當年的主事者也早有未雨綢繆的遠見。

台灣光源籌建完成時，同步輻射中心的定位成為最亟待解決的問題，例如，人員薪資無法在政府體制內編列，部分國際採購案必須以特別方式進行，但行政院修法緩慢，因此，同步輻射中心籌建完成後，指委會決議，將同步輻射中心改為財團法人體制，以擺脫政府採購及人事編制的限制，提升自主權。

科學交流，建立正向循環

2003 年同步輻射中心改制財團法人後，李遠哲便擔任董事迄今，並曾任第一屆、第二屆董事長。在他任內，通過向政府提出「台灣光子源同步加速器興建計畫」，擬定未來發展方向，並常以他受邀前往海外所見所聞，鼓勵中心參與國際科學研究交流。

籌建台灣光源的過程，獲得許多國外專家協助，讓台

灣的同步輻射得以發展到世界一流水準，李遠哲在擔任董事長期間，不僅大力推展國際合作，也期許未來台灣的同步輻射能提供給更多國家使用。

某次，時任國輻中心董事長李遠哲在馬爾他開會時遇見威尼克，兩人談及中東 SESAME 光源面臨資金匱乏問題，計畫負責人憂心，蓋好後可能沒有人使用。當時，李遠哲主動提及，台灣可以幫忙。

後來，SESAME 接受李遠哲的建議，選派三位來自伊朗、土耳其和巴基斯坦的博士後學員到台灣實習，「其中兩位女性科學家曾到歐洲一座同步輻射中心做研究，來台後發現我們的設備比較好，而且覺得台灣人很友善，回國後一直鼓勵他們的國家送更多學生到台灣，這項獎助計畫後來也持續了好幾年，」李遠哲說。[三]

2019 年，SESAME 的太陽能發電廠啟用，成為世界上第一個完全使用再生能源電力達到碳中和的加速器設施，使得 SESAME 在經濟與環境上面都可永續經營。

卓越、合作、共享

「我們在台灣有這麼好的光源可以做研究，但世界上有很多地方沒有這樣的光源，我希望我們這麼好的設備，能讓更多國際單位前來合作與使用，」李遠哲提及，希望能夠協助亞洲地區發展同步輻射相對較晚的國家，培養更多科學人才，「台灣光子源是台灣科學的一個亮點，是我國能促

進亞洲各國國際合作的據點。新光源的意義，猶如一束束
開創未來的光。　」

　　在李遠哲的高度與氣度中，我們似乎也看到了國際科
學界良善的傳承與循環。

一　李遠哲（1983.09）。給國科會主任委員張明哲信函，內部資料。新竹：國家同步輻射研
究中心。

二　許火順、林錦汝（2020.01）。〈李遠哲〉。《國家同步輻射研究中心口述歷史初稿》，內
部資料。新竹：國家同步輻射研究中心。

三　同參考資料二。

5 樹立科學標竿

勇敢與眾不同
——丁肇中

「科學競爭只有第一、沒有第二,沒有人知道誰是第二個發現相對論的人,」1976 年諾貝爾物理學獎得主丁肇中指出,「跟在別人後面、做別人做過的事沒有意義,國輻中心已經奠下良好基礎,應該持續發展,做別人做不到、別人認為不可能、別人想像不到的事,才真正有意義。」

這段話,反映出丁肇中的信念,也代表他對國輻中心的期許。

從摸索前進到創造未來

1983 年,行政院同意建造台灣第一座同步輻射加速器,並設立指委會,丁肇中獲聘擔任指導委員,開啟他與台灣同步輻射發展的連結。過去三十多年,他來台參與國輻中心指委會或董事會會議數十次,一路看著中心從初生到發展成為世界級機構。

「當時大家提議要做同步輻射,因為我們認為,這對台灣工業、知識與科學發展相當重要,也是以當時台灣整體

資源配置所能負擔的項目，」丁肇中回憶，為了討論相關事宜，「我與李遠哲院長在吳健雄教授和袁家騮教授家裡第一次碰面，在場的還有鄧昌黎教授……」

然而，「包括我在內，沒有一個人做過同步輻射，我可能對加速器稍微了解一點，但也相當粗淺，」丁肇中坦言。

如何在懵懂之中從零開始，邁出第一步？

「決心與智慧是關鍵，」丁肇中談到，三十多年來，台灣同步輻射在缺乏相關經驗的情況下，建置世界級的同步光源設施，「政府支持固然重要，但最重要還是有很好的人才，因為人的決心和智慧是決定事物成敗的關鍵。」

指委會為制度化運作奠基

「第一屆指委會由政界與科學界資深人士共同組成，最年輕的是李遠哲院長和我，我們倆同年；現在，還在董事會的只剩我們兩位，變成最資深的，」丁肇中半感嘆地說。

回顧過往，丁肇中對於同樣擔任指導委員的同儕們相當感佩，尤其推崇李國鼎。

「李先生在政府很有影響力，他對中心非常支持，遇到經費問題，只要能夠說服他，便不再是問題；有次我跟他談話，發現他原來是學物理的，他的指導教授拉塞福（Ernest Rutherford）曾提出重要的原子模型而獲頒諾貝爾化學獎，」丁肇中說。

在丁肇中眼中，同步輻射中心能夠順利運作，制度

丁肇中一生堅持做別人沒做過、沒想過的實驗，追求科學只有第一，多數服從少數。（圖／國輻中心提供）

與主事者是最大關鍵，指委會成員為中心建立了良好的制度，遴選出優秀的主任，積極推動同步輻射發展，但「儘管他們都是一方翹楚，卻有著無形的默契，就是只訂制度與原則，不干涉中心內部事務，包括：李遠哲院長、吳健雄院士、袁家騮院士和鄧昌黎院士，都起了很好的作用。」

做別人沒做過、沒想過的事

雖然當時沒有任何一位指導委員真正懂得如何蓋同步加速器，但大家都有一項共識，就是「要找一位有眼光、有魄力、腦筋清楚的人，」丁肇中強調，「以前的經驗沒有意義，因為人的智慧都差不多，最重要還是得靠自我的決心，認為這件事對你是否重要。」

這樣的想法，從他對待科學研究的態度，便可以看出端倪。

丁肇中究其一生在探索物理界的奧祕，他對科學實驗充滿熱情，也對科學研究有其獨特觀點，相信「再好的理論，沒有實驗證明就沒有意義」。

他提出兩個重要觀念：

第一個，實驗可以推翻理論，理論不能推翻實驗。

第二個，科學和政治不同，政治是少數服從多數、科學是多數服從少數。在科學的世界，往往是因為有極少數人勇於推翻既存的科學觀念，才得以向前推進。

「這是世界第一流的加速器，」丁肇中相當肯定國輻中

心的成就，但他也強調，「更重要的是，未來要利用這座加速器探索別人尚未深入的領域，發現新的東西。」

挑戰未知，創造改變

丁肇中在 1963 年獲得密西根大學物理博士學位後，因為對歐洲科學研究領域感到好奇，決定前往造訪，並取得歐洲核子研究組織（Organisation Européenne pour la Recherche Nucléaire, CERN）的研究工作。CERN 的加速器周長 27 公里，最主要的研究任務是在實驗室裡製造宇宙起源的條件——當粒子對撞，產生達到太陽表面億萬倍的高溫，便可以模擬宇宙剛開始時的情況。

丁肇中在 1976 年因發現 J 粒子而獲得諾貝爾物理學獎，在加速器領域工作將近三十年，便將目光投向宇宙的起始和自然的本源，想要探索宇宙最強的加速器——宇宙本身。不過，這個想法直到 1994 年才實現。

當時，美國、俄羅斯、歐洲國家準備合作建造一座長109 公尺、寬 80 公尺、重 420 公噸的國際太空站。對此，丁肇中倡議，在太空站建造一座粒子物理實驗設備——阿爾法磁譜儀（Alpha Magnetic Spectrometer, AMS）。這是第一次將如此精密的儀器放上太空，「這兩年有很多新的發現，每個結果都違背現行理論，甚至與以往的結果截然不同，」丁肇中說：「以前反對建造這座設備的人，現在都不反對了。」

丁肇中的經歷，與台灣同步輻射的發展何其相似。走過歷史長河，他勇於挑戰未知的立場不曾改變。對於國輻中心的下一步，他建議，在這樣優異的基礎上，依照既定的階段目標進行，善加利用這個頂尖加速器，創造出好的結果，再憑藉這些經驗繼續前進。

「科學永遠要向前走，你不做，別人也會做，所以一定要想辦法站在別人前面，勇於挑戰別人沒做過的事！」丁肇中始終如一地強調。一

一 許火順、林錦汝（2020.01）。〈丁肇中〉。《國家同步輻射研究中心口述歷史初稿》，內部資料。新竹：國家同步輻射研究中心。

6 世界級加速器先驅

建立台灣加速器雛型
——鄧昌黎

　　從零開始到出光運轉，國輻中心能夠邁步前行，得利於許多國內外專家協力推動；其中，在台灣光源策劃興建時期的關鍵人物，非鄧昌黎莫屬。

台灣加速器建造的定海神針

　　憑藉在加速器界的崇高地位，鄧昌黎奔走台、美兩地，全力為台灣建造加速器打造「定海神針」；1984 年 11 月，他編撰完成第一本完整的設計報告《Preliminary Design Report of Synchrotron Radiation Research Center》，在第一次技評會中獲得極高評價，成為台灣第一座同步加速器的技術規格雛型，也奠定了台灣同步加速器成為世界重要光源的基礎。

　　報告中，鄧昌黎在第一章開宗明義闡述為何台灣需要蓋同步輻射設施，並且開創先河，首次以「TLS」（Taiwan Light Source）稱呼這座未來光源，並期許台灣光源成為全球新一代光源之一；同篇文章的末尾，他更寫下自己對台

灣光源的高度期待：

「同步輻射的開展對台灣研究與產業現代化來說，是最有效、花費最少的方式，我們應該在心中牢記需要這樣一個設施的主要目的，它必須在先進且具有價值的研究中發揮效益，畢竟這是評估該計畫是否成功的最終標準。」

首位華人科學家獲頒羅伯特‧威爾遜獎

鄧昌黎是美國知名的物理學家，1926 年出生於北京，1946 年畢業於北京輔仁大學，1951 年獲美國芝加哥大學物理博士，在國際加速器界享有盛名。他曾任職於美國阿岡國家實驗室與費米實驗室，擔任加速器部門主管，領導大型設施研發，見證了二十世紀粒子加速器的重要發展歷程。

從 1930 年起，美國物理學家勞倫斯開啟粒子迴旋加速器新領域後，大約每五年左右，粒子加速器便有顯著突破，而鄧昌黎因為在近代粒子加速器研究領域有傑出成就，在 2007 年 6 月 28 日的粒子加速器國際會議上，由美國物理學會頒發羅伯特‧威爾遜獎（Robert R. Wilson Prize）。

鄧昌黎是全球首位獲得這項榮譽的華人科學家，也是推動台灣同步加速器發展的重要導師。從國輻中心籌設的第一天開始，他就擔任指導委員，協助規劃相關事宜。

1983 年 7 月，時任行政院院長孫運璿核定建造台灣第一座同步光源，由鄧昌黎擔任策劃興建小組首屆主任；

鄧昌黎擔任國輻中心指導委員和董事三十餘年，關注台灣加速器發展數十年如一日。
（圖／國輻中心提供）

2003 年，同步輻射中心改制財團法人，鄧昌黎轉為擔任董事。三十多年來，他對中心重大決策所提出的建言，影響深遠。

建立格局，提振國際競爭力

鄧昌黎擔任同步輻射中心策劃興建小組主任時，仍身負費米實驗室要職，無法全時間來台任職，因此在台物色一位代理人。最後出線的，是時任核研所副所長劉光霽，出任策劃興建小組副主任。

「他是位精明能幹的助手，」鄧昌黎大力誇讚劉光霽，在剛起步的時期，多虧有這位代理人，可以替遠在美國的他執行許多在台灣的工作事項。

依照鄧昌黎的規劃，是要在兩年內架構完成同步輻射中心的初步輪廓，因此，他不時與劉光霽電話聯絡，還每月來台一次，確保相關事務能夠按部就班落實。

在兩人合作下，策劃興建小組先在台北建立臨時工作處，招攬首批基本工作人員，同時將科學與工程事宜分門別類，依不同專業領域聘請主辦負責人。這段期間，鄧昌黎只要來台灣，必定與這些負責人見面，說明工作內容，以及與各相關單位的聯繫。二

此外，鄧昌黎建議成立技評會，邀請國際級的專家學者參與，以確保技術設計水準到位、工程建造進度順利。

技評會成員均為世界知名權威，例如：第一屆主席威

尼克。之後，技評會不定期開會，到台灣光源正式啟用，共召開十二次會議，提供許多技術規格與興建方式等面向的專業建議。

鄧昌黎擔任策劃興建小組主任約莫一年半，在這看似短暫的日子裡，他帶領團隊以極高效率完成許多任務，讓中心的組織、人員、軟硬體及制度都有了初步的格局，也確保台灣加速器得以後發先至，在國際上展現競爭力。

籌設新一代光源

從台灣光源到台灣光子源，台灣兩座光源躍居國際級光源設備的歷程，鄧昌黎一一見證。

八〇年代初期，同步輻射中心聚焦兩大重點：加速器興建與用戶群培育。1994 年電子能量 13 億電子伏特的台灣光源啟用後，展現可觀的科學成果，應用領域也相當多元，國輻中心便在董事會提議下，2014 年又興建了電子能量 30 億電子伏特的台灣光子源。

台灣光子源的發展聚焦在中能量、硬 X 光的同步光源，鄧昌黎強調：「要由用戶群需求和實驗計畫主導整個興建計畫，決定這座新光源的功能和研究領域，也就是從用戶需求為出發。」

這樣的設計規劃，包含生物、半導體和材料科學等研究，都因此獲益匪淺。如今，台灣學術界每年約有三百五十組研究團隊、兩千三百多位研究人員利用同步光

源從事尖端科學研究，每年使用者超過一萬兩千人次，涵蓋前瞻科學與民生科技等範疇，跨領域的研究成果有目共睹，早已超越國輻中心初始籌建的目標。

面對日益激烈的國際科技競爭，鄧昌黎期許，在既有的加速器與科學研究基礎上，保持熱情、持續學習，在世界舞台上永保一席之地。對於台灣加速器科技的永續發展，他深具信心。

一 Lee C. Teng (1984.11)，《Preliminary Design Report of Synchrotron Radiation Research Center》，內部資料。新竹：國家同步輻射研究中心。

二 鄧昌黎（2013.09）。〈台灣光源籌建回顧〉。《光芒萬丈：國家同步輻射研究中心光源啟用二十週年紀念文集》。新竹：國家同步輻射研究中心。

7　學界與政府的橋梁

調和鼎鼐締造科研利基 ——陳履安

「我的本行是理工，曾經擔任明志工專（明志科技大學前身）校長，並創立台灣工業技術學院（台灣科技大學前身），」曾任國科會主委及經濟部部長、任內兼任同步輻射中心籌建處主任的陳履安說，「我熟悉科技、熟悉科技人的性格，而且與科技人士在一起很單純，回想起與同步輻射中心同仁共事的那段時間，是一段很愉快的回憶。」

1984 年，同步輻射中心正如火如荼展開籌備，身為國家科技政策重要部會國科會首長，陳履安很早便參與其中——那年 6 月，他接任國科會主委；7 月便出任同步輻射中心指委會委員；8 月，指委會決議由他擔任駐會委員，協助指委會與策劃興建小組、用戶培育小組和政府相關部門協調聯繫。

橫跨政治界與科技界的陳履安，靠著自己的科技學養與領導風格，加上與政府部門溝通協調的長才，在同步輻射中心籌建初期，不時協助解決經費、人事、選址等問題，也在技術、設備採購等方面做出重大決策。如今，這

2016年，陳履安（左）出席台灣光子源啟用典禮，向時任科技部部長楊弘敦（右）傳授
發展同步輻射心得，期許科技部能永續支持。（圖／國輻中心提供）

些都成了同步輻射中心興建計畫成功的要件，也是後來光
源設施能躍上國際舞台的重要基石。

創新制度，解決經費難題

　　如何建造同步加速器，當年本土學、研各界都不甚了
解，但在陳履安的記憶中，每個人都很樂意投入心力學
習。儘管是瞎子摸象，卻不曾有人喊苦。然而，現實終究
難以盡如人意，籌建過程很快遭遇一連串挑戰。

一開始，是經費問題。

「同步輻射計畫可說是國家有史以來投入最高金額的科技計畫，但政府預算一年一編，沒用完的經費必須繳回，可是科技採購經常必須跨年執行，且常常變動，」陳履安回憶，為了解決經費使用問題，他建議國科會成立循環基金，額度不超過新台幣 5 億元，由國科會控管，每年動用之後，財政部就自動補足至原本的額度，「這是過去從未有過的制度。」

5 億元，對當時的人們來說，是一個天文數字。

「起初，財政部不同意，他們希望由財政部掌管循環基金，誰有需要就去申請，」但是這項做法遭到陳履安拒絕，因為「每次動用經費都必須提出申請，毫無經費自主權。」

後來，因同步輻射計畫是由行政院拍板定案，財政部無可置喙，國科會循環基金才順利立案運作。有了國科會的全力支持，不僅解決同步輻射的經費問題，後續對科學園區開發、其他科學發展也有極大幫助。」

找到計畫主持人

後來，又遇到人的問題。

鄧昌黎確定無法全時在台主持計畫，浦大邦又突然過世，找尋計畫主持人的事一波三折。

儘管陳履安心中已有中意人選，也就是當時擔任用戶培育小組主任的閻愛德，但他的性格比較內斂，喜歡做

研究、不願帶團隊，對接任策劃興建計畫主任一事頗為猶豫……

「我沒有逼他，只是跟他說，有任何困難都可以提出，大家一起想辦法解決，」陳履安明白，「這種事需要自己決定，我頂多偶爾講些重話，例如：若他不做，我就會如何如何之類的，給他一些壓力。」

最終，閻愛德還是接下了籌建處副主任與計畫主持人，到 1990 年 8 月，陳履安接任國防部部長而請辭中心主任，便由閻愛德接掌主任之職，而他的表現也不負所託，當時兼任籌建處主任的陳履安對閻愛德評價甚高，直言「他是相當傑出且心思細膩的學者，是最得力的副手。」

排解設備採購與土地問題

除了經費與人事問題，那個階段還有幾件大事亟待處理，第一是機器，第二是地點。

在儀器設備部分，陳履安回憶：「當時要決定儲存環採用何種磁格，評估了兩種不同磁格，我花費很多時間去研讀資料，還到美國石溪大學（Stony Brook University）、費米國家加速器實驗室與多位專家討論，各有不同意見。」

不同的設備選擇，意謂著經費耗用的落差，但陳履安告訴大家，錢的問題由他負責，凡事以科學家的專業意見為意見。

為什麼願意攬下這個責任？

陳履安笑說：「在當時那麼困難的情況下，大家的士氣高昂，工作氣氛還是一樣和諧、認真，激勵我覺得自己要更積極一些，幫忙解決問題。」

至於地點的選擇，也是一大考驗。當時，陳履安看中的地點是在竹科。

竹科隸屬國科會管轄，管理局局長每週必須向主委報告，因此，陳履安拜託時任竹科管理局局長李卓顯，希望可以從竹科撥地給同步輻射中心使用。

當時同步輻射中心隸屬行政院，而竹科土地主要供國科會旗下單位使用，再加上正值高科技公司蓬勃發展，新興的半導體、光電與光纖產業進駐園區，人數與公司營業額快速成長，園區土地可說是寸土寸金，因此，一開始，李卓顯堅決反對將同步輻射中心設在園區，認為應該將土地保留給高科技公司，而非撥給純研究單位。

陳履安與李卓顯洽談多次，甚至態度逐漸轉硬，強調是他主管的事情，就希望大家照辦。終於，李卓顯勉強同意，由陳履安拍板定案；甚至，原本李卓顯同意撥發的土地面積約 7 公頃，但陳履安一口氣擴大圈地到約 15 公頃（後來歸還 1 公頃設置高速電腦中心），占地增加超過一倍。

儘管花了一些力氣與李卓顯溝通，但陳履安非常尊敬李卓顯，更相當認同他就事論事、據理力爭的處事原則。

從國科會主委到經濟部部長，陳履安一直兼任同步輻射中心主任，擔任近六年主任、八年指導委員；即使他離

開國科會，到經濟部任職，包含袁家騮、蔣彥士等指導委員仍懇請他繼續兼任。直到 1990 年，陳履安擔任國防部部長，指委會因考量學術界與國防部的關係不應太密切，才勉強同意他請辭，但仍請他續任指導委員到 1992 年。

「其實我一直很想離開，」雖然與同步輻射中心的緣分很深，但陳履安透露，「中心涉及的科技業務很費神，每件事都要問得很清楚，且參加會議的人都有一定程度，準備會議要看很多資料，非常耗時。」

感念優秀副手一路相助

然而，陳履安十分擅長與政府單位交涉，恰好彌補科學家的不足，同步輻射中心指委會堅持不讓他離開，因此他也格外感謝幾位副手一路相挺：「包含閻愛德、王松茂等人，有的年紀比我還大，很照顧我，讓我可以在政務繁忙之際，兼顧同步輻射中心重要事務，我相當感謝並尊敬他們。」

他曾經提到，像是曾任國科會副主委、指委會執行祕書的王松茂，就是一位溫文儒雅的學者，處事細膩，沒有本位主義且從不邀功，自指委會成立開始，便擔任執行祕書，前後參加同步輻射中心籌建會議不下三百次，協助解決了經費、土地與技術等問題。這樣一個人，包含閻愛德也給予肯定，稱呼王松茂為「永遠的執行祕書」。

回顧這段歷程，「我在 1969 年返國，正好趕上台灣的

發展期，二、三十年間有許多學習的機會，當時我接觸的幾位先生都很質樸，不會偏袒哪一個領域，從來沒有投資或其他想法，有的人連積蓄都沒有，跟現在人比起來，像很『落伍』的人 ⋯⋯ 」陳履安有感而發：「相較而言，現在國內科技政策主管都比較注重自己本行的東西，多少會有一些本位主義，但其實台灣有很多新領域，亟需政府登高一呼來號召推動 ⋯⋯ 」

在陳履安當時拍板決定的竹科土地上，同步輻射中心長出了一座大環及一座小環，從台灣光源到台灣光子源，他一路看著中心成長，逐步發揮功能、展現特色，開始在世界上閃耀光芒。

如同他在台灣光源出光二十週年的祝福：「兩大法輪同步運轉，大放光明。」說著這句話，他的眼中似乎也閃耀著光。

一　許火順、林錦汝（2020.01）。〈陳履安〉。《國家同步輻射研究中心口述歷史初稿》，內部資料。新竹：國家同步輻射研究中心。

8 知其不可為而為之

開啟台灣物理研究新頁 ——閻愛德

「知其不可為而為之，為而不有。」

中研院前院長吳大猷將這句話送給時任同步輻射中心主任閻愛德，而閻愛德則將這句名言深深刻在心底，並且因為這句話，他決定扛起同步輻射計畫主持人的重責大任，一直到加速器出光為止。

確立台灣物理研究方向

台灣光源計畫發軔、可行性研究、執行到完成，閻愛德全程參與，而他對台灣科學發展的貢獻，深受學術與研究單位推崇，卻很少有人知道，對他來說，這段歷程，其實是他研究生涯的意外之旅。

閻愛德師承諾貝爾物理學獎得主楊振寧，七〇年代後期，他擔任清大物理系系主任，並兼任國科會物理中心主任與物理學會理事長，那段時間正值物理中心醞釀改組，他與旅居美國的浦大邦經常一起討論台灣物理發展走向。

閻愛德的主要研究領域是高能物理，但他絲毫沒有本

位主義或文人相輕的性格，反倒主張原子與分子科學是當年台灣物理發展最可行的領域，為此還曾飽受許多朋友批評。一

1979 年 8 月，浦大邦與閻愛德聯手籌辦原子與分子科學研討會，不僅是首度在台灣召開的大型國際科學會議，更重要的是會後座談會獲得的結論，確立了台灣物理研究的重要方向，建議政府建造同步輻射加速器及發展原子與分子科學，催生了同步輻射中心與原分所。

義氣相挺，改變一生

透過原子與分子科學研討會凝聚初步共識後，浦大邦與閻愛德開始串連海外科學家。在浦大邦的安排下，他們前往參加美國物理學會召開的國際合作會議，時任美國物理學會會長吳健雄在會中討論美國可以如何協助開發中國家的其他學會。

這段期間，浦大邦與閻愛德和吳健雄多次來回討論，主題正是環繞台灣同步輻射發展的可能，吳健雄不時傾聽他們的說法，並提出自己的疑問。當初的互動，後來也成為吳健雄參與提議台灣發展同步輻射的重要契機。

在各界積極奔走下，國科會接受建議，在 1982 年正式成立同步輻射可行性研究小組，成員包括劉遠中、鄭伯昆、閻愛德、張秋男、鄭國川，這也是閻愛德與同步輻射結緣的開始，之後便積極前往世界各國參訪考察光源設

吳大猷（中）建議同步輻射中心，做為一流學術機構，第一場學術演講若能請到楊振寧
（左），他願親來主持，後來閻愛德（右）果然不負使命。師生三代一脈相傳，均對學
術界有重要貢獻。（圖／攝於吳大猷八十大壽，《聯合報》提供）

施。十一個月之後，他們完成可行性報告，評審都持正面看法。

事情發展至此，似乎一切順利；對閻愛德來說，也認為自己的工作已告一段落，在 1983 年至 1984 年間前往美國休假研究，專心投入研究工作。沒想到，一場突發事件，徹底改變了他的生涯規劃。

「我以為，可行性研究完成後，我與同步輻射的關係就結束了，」閻愛德總是說：「同步輻射並不在我的生涯規劃之中。」

俗話說：「計畫趕不上變化。」一波波的意外接踵而來，閻愛德對這句話的感受，格外深刻。

最先打亂閻愛德計畫的，是他的老朋友浦大邦。

閻愛德在 1984 年返台，當時擔任同步輻射中心用戶培育小組主任的浦大邦，邀請他擔任副手。此時的他，只以為自己是短暫的過客，未曾想到在不久的將來，竟有一連串挑戰持續衝擊他的人生。

好友離世的打擊

1984 年 12 月，浦大邦返台參加指委會會議，卻在工作會報上驟然辭世，不僅是對閻愛德的巨大衝擊，也是同步輻射中心發展初期的最大考驗之一。

當天，閻愛德於情於理都得打電話通知浦太太這個不幸的消息，但是那通電話，卻成為他口中「我這輩子做過

追光之旅

最困難的事」。

當時，國科會主委陳履安及副主委王松茂一直陪同在旁；打完那通電話後，王松茂親自送閻愛德回新竹，並且對閻太太說：「浦先生過世了，妳要好好照顧閻愛德。」

不知是否直到此時才終於接受好友過世的現實，或是因為回到最親密的家人身邊，一直沒有太過激動表現的閻愛德，突然放聲大哭，「那一幕，我到現在都忘不掉，」閻愛德說。

那場忘情痛哭，不是在妻子、友人面前失態的窘迫，而是好友離世，生平知己難尋的遺憾。

「浦大邦過世，讓我決定從一個選修生變成一個全職生，」閻愛德感嘆地說，基於兩人情誼與使命感驅使，他才慎重思考，自己必須扛起重擔。二

計畫主持人難產的挑戰

浦大邦過世後，閻愛德責無旁貸接任用戶培育小組主任，繼續推動用戶培育事務；然而，同時間，鄧昌黎辭去策劃興建小組主任、劉光霽升為中科院核研所所長，導致計畫主持人出缺。

「這是同步輻射計畫的危機，也是最困難的時期，很多重大事務無法做決定，許多問題難以解決，」閻愛德描述當年接踵而來的挑戰。

「當時各小組分散各處，缺乏共同的目標，」閻愛德說：

152

「外界很擔心這個計畫會垮掉，也有很多反對的聲音，因為短時間內能夠看到的進展有限。」

當時，同步輻射中心指委會希望邀請國外專家負責這項計畫，包括：CERN 副主任強生（Kjell Johnsen）、美國 BNL 的史汀柏格，以及當時中心人員暱稱「辣豆腐」的法國直線加速器的達夫（J. Le Duff），都是口袋名單中的人選。這三位國際知名的加速器專家，均曾為此親自造訪台灣，由閻愛德負責接待，讓他們了解台灣的情況，只是後來他們都因故未能應允。

沒人做，我們自己做

國外專家無法來台主持計畫，攸關台灣基礎科學未來的計畫不能輕言放棄。「我們自己做！」閻愛德指出，「台灣決定自行建造同步加速器，但讓我們有勇氣做出這樣的決定，是因為有陳履安扛住壓力，再加上包含劉遠中等所有成員堅守崗位、邊做邊學，讓我們的能力持續提升，才有後續發展的可能。」

1986 年，策劃興建小組與用戶培育小組合併，成立行政院同步輻射研究中心籌建處，時任國科會主委兼任同步輻射中心籌建處主任的陳履安，決定由台灣自行建造大型光源設施，但必須先從本地選聘計畫主持人，閻愛德便成為他心目中的第一人選。

不過，這個任務不符合閻愛德原本的生涯規劃，再加

上他認為，同步輻射研究並非自己所專長，且自認缺乏充足的行政經驗，「我沒有把握，覺得自己並不適任，」閻愛德說明當年自己遲遲不肯答應接任計畫主持人的緣由。

幾個月過去，陳履安與王松茂積極勸進，閻愛德終於在 1986 年 8 月首肯，接任同步輻射中心副主任兼加速器興建計畫主持人。

「這是我們共同的夢想，」閻愛德說，「浦大邦過世了，那時如果我不接手，誰能幫他實現這個夢想？」

為了擔起這個重責大任，閻愛德花了三千小時研讀同步輻射相關資料，因為他清楚知道，這項計畫關乎台灣未來二十年的同步輻射發展，更牽涉到許多大型科研計畫的推動。

記憶中的克萊斯勒〈愛之悲〉

不料，閻愛德接任計畫主持人不久，就遇到棘手的挑戰。當時由閻愛德負責採購注射器系統，但因為某些特殊原因，必須在合情、合理、合法的情況下，先廢標再二次招標。

「我完全沒有發包的經驗，過程中困難重重，我自認做得問心無愧，卻受到很多人的責難和批評，」閻愛德坦言，他本來就缺乏行政經驗，面對外界的各種壓力，他覺得有些承受不住，心生辭意。於是，他邀請時任同步輻射中心指委會執行祕書王松茂陪同，前往拜會吳大猷，當面表達

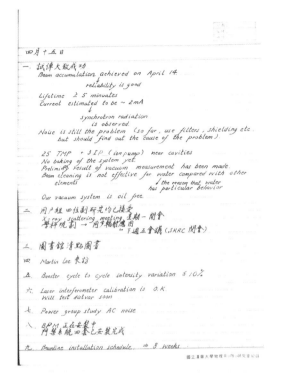

四月十五日

一、試運大致成功

Beam accumulation achieved on April 14.

reliability is good

Lifetime ≥ 5 minutes
Current estimated to be ~ 2mA

synchrotron radiation
is observed.

Noise is still the problem (so far, use filters, shielding etc.
but should find out the cause of the problem)

25 TMP + 3 IP (ion pump) near cavities
No baking of the system yet.
Preliminary result of vacuum measurement has been made.
Beam cleaning is not effective for water compared with other
elements

the reason that water
has particular behavior

Our vacuum system is oil free.

二、用戶組四位副研究均已接受
X-ray scattering meeting 星期一開會
學程規劃 → 同步輻射應用
⎣ 下週五會議 (SRRC 開會)

三、圖書館清點圖書

四、Martin Lee 來訪

五、Booster cycle to cycle intensity variation ≤ 10%

六、Laser interferometer calibration is O.K.
Will test distvar soon

七、Power group study AC noise

八、BPM 正在安裝中
門禁系統四套已安裝完成

九、Beamline installation schedule ⇒ 3 weeks.

國立清華大學物理系(所)研究實紀錄

閻愛德在同步輻射中心服務十年，巨細靡遺寫下每日的工作內容，成為早期前輩們努力的心血結晶紀錄，退休後全數捐給國輻中心。
（圖／國輻中心提供）

辭意。

「你有什麼委屈就講出來吧！」吳大猷對閻愛德說。

「我想『退選』這門課，」閻愛德向吳大猷說明他遭遇的狀況，同時表達自己想要放棄的心情。

「我幫不了你，但是如果你願意，可以趴在我身上，」吳大猷並未具體許諾閻愛德什麼，只是給他一個可以依靠的肩膀。

聽到這句話，或許是因為累積了不少委屈，也或許是因為感激吳大猷的這段話，閻愛德感慨萬千，也終究想通

了：「這條路還是要走下去。」

「先去洗把臉吧！」看著闔愛德的壓力似乎紓解不少，吳大猷讓他先整理儀容、轉換心情，自己則是走到唱機前，放上唱片……

走出盥洗間，闔愛德聽見，音箱中傳來小提琴家克萊斯勒（Fritz Kresler）的樂曲〈愛之悲〉（Liebesleid）。

「大丈夫有所為、有所不為，在機器完成之前，你沒有資格離職，但當機器完成後，就該是你離職的時候……」吳大猷沒有安慰、也沒有指責，只是語重心長地對他說。

最終，闔愛德沒有立刻離開同步輻射中心。直到現在，他仍牢牢記得吳大猷送他的這段話「知其不可為而為之，為而不有」，而每次憶起這段故事，腦中也總會響起克萊斯勒〈愛之悲〉的旋律，那是促使他留在同步輻射中心繼續打拚的轉捩點。三

功成不居，瀟灑來去

在波折不斷中，闔愛德帶領團隊突破一連串考驗，台灣光源在 1993 年 4 月試車成功。

「台灣光源趕在 1993 年 5 月 11 日世界加速器會議之前順利出光，每年的加速器會議都會宣布全世界加速器設施的完工，當年柏克萊的 ALS 與台灣光源同時在大會中宣布。」因此，嚴格說來，台灣光源與 ALS 並列為全世界第二個完成的第三代同步加速器。

「我很欣慰，也告訴自己，畢業的時間到了，」閻愛德說，他當天就遞出辭呈，「我在接任時就知道，在有光的那一天，我就會離開同步輻射中心，不帶走一片雲彩。」

選擇在閃亮的日子離開，他留下了有形的光源設施，以及無形的祝福與期許：「十年了，建造同步加速器就像打造一艘輪船，我原本打算站在岸邊，為大家揮手打氣，不料不但上了船，還掌起了舵，現在該是下船的時候。祝福大家，面對海上驚滔駭浪的挑戰，勇往航向未來。」

面對這個值得驕傲的時刻，很少人能夠真正寵辱不驚，但閻愛德始終維持本心。他總是瀟灑來去，充分展現了「知其不可為而為之，為而不有」的學者風範。

一　許火順、林錦汝整理（2020.01）。〈光源啟用二十週年閻愛德主任演講〉。《國家同步輻射研究中心口述歷史初稿》，內部資料。新竹：國家同步輻射研究中心。

二　許火順、林錦汝整理（2020.01）。〈光源啟用十週年閻愛德主任演講〉。《國家同步輻射研究中心口述歷史初稿》，內部資料。新竹：國家同步輻射研究中心。

三　同參考資料二。

9 加速器技術扎根台灣
掌握加速器發展關鍵
——劉遠中

「我們在一個缺乏加速器人才的環境中，完成了艱鉅的建造任務，是件很令人驕傲的事⋯⋯」劉遠中回憶起台灣光源出光的情景，即使時隔二十幾年，依舊記憶猶新。當年，台灣並非沒有科學人才，而是缺少真正了解加速器的人才。

從參與同步輻射可行性研究小組到台灣光源、台灣光子源建造完成，從擔任可行性研究小組召集人、籌建處技術組組長、副主任、主任，到改制後的中心董事、顧問，劉遠中與同步輻射中心的緣分超過三十年，也是極少數參與時間最長、投入程度最深的關鍵人士。

同步輻射正式成為政府部門議題

翻開台灣光源與台灣光子源試車成功紀念照，總可以看到劉遠中與眾人舉杯同賀的身影，而說起他與同步輻射的緣分，可以追溯到 1980 年的國科會物理中心改組。

1980 年 12 月，時任清大理學院院長劉遠中擔任國科

1993年4月13日凌晨，台灣光源試車成功，劉遠中（右一）與同步輻射中心同仁舉杯慶祝。（圖／國輻中心提供）

會物理中心改組座談會召集人。會中做出結論，應集中力量，選擇對台灣來說可行且有未來性的大型計畫，並決定分研究發展與組織改造兩個籌備委員會進行規劃。

　　劉遠中擔任研究發展籌委會召集人，第一次開會便提議，將同步輻射等六項科技做為物理中心未來研究重點，並劃分數個小組蒐集資料，其中同步輻射這組由閻愛德、鄭伯昆、張秋男負責。這場會議，也是政府部門首次正式討論在台灣發展同步輻射的可能性。

　　1981 年 10 月，研究發展籌委會舉行第二次會議，大家對興建同步輻射設施已頗有共識，物理中心便向當時新上任的國科會主委張明哲建議，成立籌劃小組，評估設立同步輻射設施的可行性。同年 12 月，國科會通過成立同步輻

射可行性研究小組,由劉遠中擔任召集人。

「當時大家對同步輻射還不了解,我記得閻愛德與我第一次到美國 BNL 參觀,連什麼是光束線都不懂,」劉遠中回憶。不過,一群科學家秉持實事求是的精神,或研讀資料、或向專家請益,總算能夠清楚掌握同步輻射的原理,順利完成可行性研究報告。

為了加速進入狀況,在進行可行性研究的同時,劉遠中於清大物理研究所成立超高真空實驗室,與學生一起研究,也召開研討會,與工程界座談討論,並向國外專家翁武忠、梁耕三等人請教,逐漸摸索出一條路。

技術自主打造未來成長空間

「可行性小組當時探討的重點是,台灣能不能自己做?能做的話,可以怎麼做?」劉遠中指出,如果自己建造,未來才有改進、維護與運轉的能力,但也有人主張採購國外的加速器,理由是毋須將心力放在加速器,如何讓研究人員做出好的研究成果比較重要。

「台灣沒有科技基礎,同步輻射可以當成橋頭堡,自己做才能提高技術能力、累積經驗,進而與別人競爭,包括李遠哲、鄭伯昆等人都抱持這樣的看法……」劉遠中相信,「當時決定自己製造,是將台灣基本加速器技術能力建立起來的重要一步。」

事實上,最初的說帖之一,除了可使用同步輻射進行

科學研究，藉由建造加速器，還可以落實技術生根，嘉惠台灣產業，例如：磁鐵、真空、精密儀器、自動控制等技術，都可能受益匪淺。

事後證明，劉遠中等人堅持自行興建、自行訓練人才的做法，讓台灣培養出獨立自主的研究能力，也才能在世界競賽中創造後發先至的驚人成績。

解決關鍵難題

1986 年，行政院成立同步輻射中心籌建處，劉遠中出任技術組組長，擔任真空子系統負責人。

「真空子系統是最重要的一環，電子束碰到空氣就會消失，所以在加速器內，必須確保真空環境足夠完善，甚至可以說，真空的好壞是加速器成敗的關鍵，美國很多第二代同步加速器沒有做好，就是失敗在真空環境的維持，我們也很怕，只好我自己一頭栽進去，」劉遠中直言不諱。二

很多人以為，抽真空只要幫浦一直抽就可以。事實上，當抽到某一程度後，真空腔體的金屬會持續釋出水氣，「當時團隊常熬夜研究，才發現解決問題的關鍵——必須先加熱趕走水分子，」劉遠中說明，在常溫下，抽一百年也抽不乾淨的氣體，只要加熱兩、三天就可以完成。

劉遠中擔任技術組組長時，負責整體技術部分，他成功帶領團隊克服技術問題；尤其，技術組下的各小組，領導風格、做事態度各不相同，常有彼此意見相左的時候，

2009年春八前主任上坪宏道（左）訪台，劉遠中（右）特地陪同南下，兩人在鄭成功延平郡王祠前合影，細訴台日奇異的歷史情誼。（圖／國輻中心提供）

但眾人始終以大局為重，共同完成試車任務，讓他忍不住自豪地說：「回想起 1993 年 4 月 13 日凌晨兩點，與同仁一起見證電子束順利儲存的情景，仍會有些亢奮。」[三]

出光成功後，劉遠中在 1993 年 7 月接替閻愛德成為中心主任，直到 1997 年歸建清大，期間還曾在 1994 年 1 月獲頒行政院三等功績獎章。

不過，劉遠中帶來的影響不僅如此。由於他在日本出生的背景，與當時日本春八主任上坪宏道及一些日本學界人士私交甚篤，退休後仍繼續協助國輻中心，推動前往日本春八同步輻射光源設施建造兩條台灣專屬光束線，讓台灣研究人員在設施尚未升級之前，也能投入高能量硬 X 光領域的研究。

期盼代代傳承不息

1994 年，台灣光源出光元年，劉遠中受邀前往美國石溪大學參加國際同步輻射儀器研討會（International Conference on Synchrotron Radiation Instrumentation, SRI），並在演講中公開表示，是天時、地利、人和促成了台灣光源的成功。

在天時部分，正逢台灣經濟快速發展，因此有經費支持這樣的大型科學研究計畫，且海內外有一群科學家希望為台灣做點事；在地利部分，同步輻射中心的土地面積原本較小，後來有了位於竹科西北角的土地，有利整體規劃與發展；在人和部分，則是靠著知人、用人、育人、容人，得以有一群人共同努力完成這項計畫。[四]

「回首來時路，雖然當時覺得目標很遠、很大，但都逐步實現了，」劉遠中深切期盼，這座結合眾人之力打造而成的設施能夠生生不息，並且有一代接著一代的人才接棒，繼續發揚光大。

一 劉遠中（2013.09）。〈與同步輻射共舞的歲月回顧〉。《光芒萬丈：光源啟用二十週年紀念文集》。新竹：國家同步輻射研究中心。

二 許火順、林錦汝（2020.01）。〈劉遠中〉。《國家同步輻射研究中心口述歷史初稿》，內部資料。新竹：國家同步輻射研究中心。

三 同參考資料一。

四 同參考資料二。

10 與夢想的光芒同行

群策群力打造科研舞台
——鄭伯昆、鄭國川、張秋男

那是一個群策群力的年代,許多人因公忘私,為了一項目標,從零開始鑽研,不計一切投入,完成階段性任務後便功成身退。

鄭伯昆、鄭國川、張秋男,便是典型的例子,他們三人可說是同步輻射落地執行的重要代表人物。

「我在人生精力最充沛的時期做了一個大夢,築夢的過程跨越國界與世代,涉及政治、經濟、科技、學術,宛如過程曲折、高潮迭起的長篇小說情節……」鄭伯昆回想起在同步輻射中心的歲月,大家都充滿熱血,甚至帶點傻勁,儘管歷經困難與險阻,終究將「白日夢」變成「美夢」。畢生心血,全都化成一句「這是我工作生涯中最值得珍藏的篇章」。

鄭國川,他是美國馬里蘭大學物理博士,在史丹佛大學做博士後研究時,便曾聽說同步輻射,花些時間探討後發現:「同步輻射具有光譜範圍大、應用領域多元、設施可大可小等特性,是值得探索的新領域。」返國後任職核研

所的他，曾拜訪時任台大物理系教授鄭伯昆，彼此交換意見。有了這段機緣，後來成立可行性研究小組時，便獲網羅參與。

「當年台灣的科學環境很貧瘠，我們曾經很擔心建造完成後沒有使用者，但現今的光束使用供不應求，台灣光源成為國內外研究團隊很有價值的實驗利器，」同步輻射可行性研究小組成員、台灣光源光束線建造主持人張秋男直言，他非常慶幸能夠參與這個當年台灣最重要的科研計畫盛事，更欣見這個設施在往後的歲月裡，可以為不同領域專家打造發揮的舞台。

啟迪夢想的種子

鄭伯昆與同步輻射的緣分，可以從他心中的一場大夢說起，而這個大夢，早在他於美國攻讀博士階段，便在心中埋下種子。

1965 年至 1968 年間，鄭伯昆獲政府獎助到美國密西根大學修讀博士。為了做出好的實驗成果，輾轉前往美國阿岡國家實驗室，「那裡的研究氣氛蓬勃，而且設施先進又完善，即便是博士生，都能獲得非常專業且充足的支援，甚至讓我獨立使用一個出光埠，得以嘗試很多實驗，順利完成畢業論文。」

阿岡國家實驗室的研究環境太美好，讓鄭伯昆忍不住許下心願：「台灣一定要蓋一座大型研究中心，建構良好的

1982年，同步輻射可行性研究小組為籌建台灣光源踏上取經之路，由威尼克介紹史丹佛同步輻射實驗室（SSRL）。圖中左起：張秋男、威尼克、SSRL研究人員、鄭伯昆、鄭國川。（圖／國輻中心提供）

實驗環境，讓年輕人有機會到大設施做實驗。」

　　對於台灣自建大型研究設施，鄭伯昆懷有強烈的渴望與使命感，但那時的他還不了解何謂同步輻射，對於台灣未來的科研方向也沒有具體藍圖。啟發他的，是 1979 年 8 月的原子與分子科學研討會，與會學者對同步輻射展開熱烈討論。

　　「我向鄰座的美國物理學家克拉斯曼請教，台灣是否應擁有同步輻射設施，獲得肯定的答覆，」鄭伯昆回憶，克

拉斯曼返美之後，詢問其他專家學者的意見，「他回信給我說：『興建小型同步輻射設施及光電子光譜學設備，對台灣固態材料科學界很有幫助。』」

史丹佛加速器中心的威尼克，也是克拉斯曼請益的專家之一，後來威尼克將一些原本要寄給中國大陸合肥市的資料影印給鄭伯昆。這些資料可以說是國外同步輻射設施專家給台灣的第一份專業書面意見。

改變的契機

原子與分子科學研討會結束後，1980 年，國科會物理中心即將改組，分別由研究發展籌委會與組織籌委會進行規劃。研究發展籌委會分成幾個小組蒐集資料，同步輻射小組便是其中之一，由鄭伯昆、閻愛德、張秋男負責。

此後，鄭伯昆積極參與推動台灣同步輻射發展的討論，並獲聘為國科會同步輻射可行性研究小組五位成員之一；至於張秋男，如同他自己所說：「參與台灣同步輻射計畫是種緣分。」

張秋男在美國俄亥俄州立大學求學時，就曾採用范氏加速器從事原子物理研究；1974 年返台後，他在師大任教，當時校內沒有類似的研究設備，但清大有一台 300 萬電子伏特的范氏加速器，於是他找上時任清大物理系教授劉遠中，雙方一拍即合。

後來，劉遠中負責召集物理中心改組會議，張秋男也

受邀參與，由於具有范式加速器的研究經驗，張秋男獲派與閻愛德、鄭伯昆負責同步輻射小組，正式跨入同步輻射領域，並在同步輻射可行性研究小組中負責用戶培育研究。

同一時期，值得一提的還有鄭國川。

1981 年年底，同步輻射可行性研究小組成立時，他是最晚加入的，也是唯一並非來自大學院校的專家，但他因做核物理實驗，使用過重離子、質子加速器，是少數具備加速器使用經驗的研究人員，而且他在史丹佛大學時，適逢史丹佛大學的 SPEAR 被借光出來，供科學家做實驗，他因此聽說同步輻射，也花了一些時間研究，在最後一刻獲邀加入可行性研究小組。

儲備人才與能力

回顧當年，縱然已意識到推展同步輻射的必要，但是張秋男坦言，直到籌辦講習會，讓學界及業界更了解同步輻射的特性及應用領域，他也才對同步輻射有了更完整的認識。

張秋男因為在原子與分子科學領域具有研究經驗，對同步輻射也有涉獵，且擔任師大物理系系主任，掌握一定的行政資源，因此獲得浦大邦等指委會委員邀請，擔任第一屆同步輻射講習會召集人，與黃鎮台、劉源俊等教授一起負責籌辦。二

對張秋男等人來說，計畫是否一定能成功，並沒有把

握，「但是準備工作總是要做下去，包括：舉辦講習會、選派人員出國、培育未來使用者等。」

所幸，計畫真正啟動後，儘管物理界依舊有反對聲音，但仍有很多人非常熱心地提供協助，貢獻自己所學所長，訓練同步輻射設施的未來使用者。

在眾人努力下，第一屆同步輻射講習會的成果頗為豐碩，666 人報名、錄取 100 人，自 1984 年 3 月 3 日至 5 月 19 日，每週六舉行，共舉辦十一場，參加講習的學員通過甄試後再送到國外受訓，多位當年參加的學員後來也都成為同步輻射中心的研發主力。此後一共辦了七屆，直到台灣光源建置完成。

第一屆同步輻射講習會後，張秋男就淡出用戶培育工作，但是因為他習於從用戶角度思考，加上對光吸收科學頗有研究，後來仍接下建造光束線的任務，台灣光源最初的三條光束線都由他負責。

此外，在台灣光源籌建期間，鄭伯昆擔任磁鐵量測小組組長，除了培訓年輕人才，也自行研製加速器磁鐵；1993 年台灣光源啟用運轉後，他更擔任技術組組長，持續發展國內自製的第三代光源插件磁鐵技術。

「磁鐵從頭到尾都是由國內自製──向中鋼採購特殊鋼材，買來的鋼經過春源鋼鐵、大同公司加工成所需的模型與尺寸，再由磁鐵製造子系統負責人、清大教授黃光治請人將這些精密的鐵片疊起來……」鄭伯昆說明，「台灣自行

建置磁鐵子系統，才可以提升製造業的技術水準，讓科學界及產業界都能同步成長。」[三]

至於鄭國川，除了參與會議，當年他還得擔起「替大家念書」的責任。

那些年，對同步輻射一知半解的台灣科學界，極度仰賴海外學人協助，包括：安排參訪、提供資料、解答問題等，而鄭國川因為年紀最輕，並且使用過粒子加速器，就自動攬下日常瑣事，例如：整理相關資料、製作講義，協助分析與釐清各種觀念，同時他也經常撰寫文章，發表在國內科學雜誌期刊，希望讓更多人認識同步輻射。[四]

傳承交棒，享受科研的樂趣

「台灣光源建造初期，我每天都是清晨三點起床，開車上高速公路，到休息站休息，等六、七點再開車到同步輻射研究中心，」鄭伯昆說，這樣才不會塞車，而且當年參與其中的每一位，無論大學者、小員工，幾乎都是這樣，每天的生活全數奉獻給同步輻射。

「當時沒有北二高，只有尚未拓寬的台三線，在可行性研究階段，若在台北開會，住在龍潭的我要搭車經過員樹林，再經山路到三峽、土城，然後到萬華；有時太晚了沒有回程車，就必須先搭台汽到中壢，再轉車到石門水庫管理局，最後走路回家，」鄭國川回憶。

走過來時路，有苦、有甜，都在人們心中留下痕跡。

欣慰的是，原本以為只能做夢的渴望，卻在現實中達成。鄭伯昆說：「只要勇於追夢，不斷精進，總有一部分的美夢可能成真。」

「從台灣光源到台灣光子源，出光時間相隔約二十一年，」鄭國川表示，興建這兩代設施的人才之間有重疊、也有傳承，意謂著團隊能夠一起學習精進，也把同步輻射獨立自主的精神傳承下去。

「當台灣光源蓋好時，成為全世界第三座、全亞洲第一座第三代同步輻射光源，我們都倍感興奮！」張秋男一邊說著，眼神突然亮了起來，「如今，看到中心有這麼優異的設施，也看到很多有趣、具有前瞻性的科學題目，都不是當年的我們所能想像。」他期許，能有愈來愈多的新一代科學家投入其中，享受科學研究的樂趣與成就感。

一　鄭伯昆（2004.04）。〈台灣同步輻射設施出光十週年雜記〉。台北：《物理》雙月刊26卷2期。

二　許火順、林錦汝（2020.01）。〈張秋男〉。《國家同步輻射研究中心口述歷史初稿》，內部資料。新竹：國家同步輻射研究中心。

三　許火順、林錦汝（2020.01）。〈鄭伯昆〉。《國家同步輻射研究中心口述歷史初稿》，內部資料。新竹：國家同步輻射研究中心。

四　許火順、林錦汝（2020.01）。〈鄭國川〉。《國家同步輻射研究中心口述歷史初稿》，內部資料。新竹：國家同步輻射研究中心。

11 跨海相挺的外籍科技導師

扶植台灣技術力
——威尼克、韋德曼

同步輻射學界一直有種獨特的氛圍——社群之間幾乎沒有國界，科學家跨國襄助的情況比比皆是。在台灣籌建兩座同步加速器的過程中，便獲得非常多海外專家協助，其中又以威尼克及韋德曼的事蹟，最為人津津樂道。

同步輻射中心籌建初期，台灣缺乏具備加速器建造經驗的人才，指導委員會因此聘請國外具有建造經驗的知名加速器專家，組成技評會，針對工程設計與執行提供技術面的指導評估，並力邀威尼克擔任主席，指導本地科學家從無到有打造台灣加速器。

韋德曼則是在台灣光源建造初期，便受邀來台講授加速器物理課程，並在史丹佛加速器中心培育一批年輕的台灣物理人才，負責設計磁鐵與加速器；而在台灣光子源計畫展開後，國輻中心董事會更聘請他擔任加速器諮詢委員會首屆主席，與來自各國的專家共同協助台灣新一代光源設施的規劃與執行，是少數同時協助台灣光源與台灣光子源兩座設施的國外專家之一。

　　七〇年代後期到八〇年代初期，全球加速器技術蓬勃
發展，史丹佛加速器中心更是當代重鎮，威尼克與他的同
事們正在研發新一代光源設施最重要的增頻磁鐵與聚頻磁
鐵。遠渡重洋來到台灣，為他超過半世紀的加速器生涯再
添上濃墨重彩的一筆，是那時的他從未想過的事。

各國菁英齊聚

　　「吳健雄徵詢我擔任技評會主席及共組委員會的意願
時，因為這項任務責任重大，一開始我並沒有接受，」威尼
克回憶。

　　然而，吳健雄不僅是他的好友，更是他在哥倫比亞大
學念書時的老師，在多重因素驅策下，威尼克最終應允這
項邀約，並與指委會共同列出技評會委員名單，成員來自
美國、德國、義大利、日本、法國等地，都是世界頂尖實
驗室的加速器專家。

　　技評會採獨立運作，主要功能是從技術與科學觀點進
行嚴格審查，包括：每一主要設備的技術設計、與工程進
度相關的管理、團隊合作、溝通等議題。

　　第一次技評會會議於 1984 年在美國 BNL 舉行，後來
每年開會一次，到試車前幾年則增為一年兩次，每次會議
耗時兩、三天。不僅如此，威尼克會指定每位委員負責撰
寫報告的不同章節，再與委員會溝通、取得共識，往往彙
整報告又花費約兩週時間。[二]

同步輻射中心的成立，是為了讓台灣能夠擁有世界級的研究環境，但人員能力是否匹配，將影響技術可否真正為台灣所用。

讓技術落地生根

隨著技評會的召開，「我們發現，台灣執行團隊普遍缺乏加速器相關技術與經驗，因此在評估技術方案時，傾向於建議採取風險較低的方案，提高成功率，」威尼克說。

譬如，評估加速器的電子能量時，技評會建議，參考當時美國加州柏克萊正在興建中的第三代同步加速器先進光源，其電子能量為 15 億電子伏特（後來提升為 19 億電子伏特）、12 段對稱環，將台灣光源興建規格訂為 13 億電子伏特（之後提升為 15 億電子伏特）、6 段對稱環。

透過同步輻射進行的研究，約有八成屬於基礎科學範疇，所以，外籍專家規劃時，除了希望提升計畫成功率，強化官方與學術界的信心，也必須讓本地學、研各界人才的能力可以銜接得上，才有機會讓技術落地生根。

因此，技評會的運作，秉持兩大原則：

第一，技評會應該獨立於設施組織之外。

第二，技評會只提供建議，不做決策。

「這樣做，是為了讓台灣團隊能夠學習獨立自主，」威尼克說。

當時技評會的做法，是邀請執行團隊報告團隊的想

自1984年起，威尼克擔任技評會主席十年，不僅幫助台灣光源的誕生，其後更鼓吹中東和非洲興建同步光源。（圖／國輻中心提供）

法、決定或方案，再由來自全世界不同實驗室的委員針對各方案進行討論分析、提供見解與分享經驗，讓執行團隊參考，但「台灣團隊的能力很強，」威尼克不吝稱讚。

給團隊做決定的機會

以磁格為例，時任策劃興建小組主任鄧昌黎最初建議，採用高能加速器領域主流的 FODO 磁格，射束動力小組成員前往史丹佛加速器中心也是學習設計 FODO 磁格，並有不錯進展；但當時其他光源設施為了放置插入元件，

開始研發不同磁格，技評會建議可同時評估不同磁格的優缺點。後來，射束動力小組返台，決定採用可容納插入元件的 TBA 磁格，技評會也表達支持。

又譬如，加速器真空腔體採用的材料有不鏽鋼、鋁合金等可供選擇，各有優點，技評會因不了解台灣工業技術水準，便由台灣團隊研發後向委員會報告，後來台灣團隊選擇採用鋁合金技術，技評會便尊重執行團隊的建議。

「最重要的是自己做決定，蓋加速器最好能依據自己的想法，工作起來較能投入，假如只是期待別人提供想法與規格，不會有認同感，」韋德曼說。

人員交流，孕育新血輪

「台灣團隊缺乏實際經驗，但學習態度認真」，是威尼克和韋德曼的共同評價。因此，在技評會的建議下，同步輻射中心分批派送年輕員工出國，接受短則數月、長則一年的訓練。

「同仁對加速器還在學習階段，但因為都具備物理、機械、電子工程等專業背景，很快就能融入國外實驗室團隊，不僅受訓同仁可以學到加速器的實作經驗，這些實驗室也能獲得人力支援來執行計畫，」威尼克認為，「這是雙贏的做法。」

在韋德曼眼中，台灣團隊各小組總是認真蒐集資料、研讀論文，並於下次會議中報告，「即使有時技評會的建議

並不適合台灣本地環境，同仁仍會認真評估每一項建議，再跟技評會討論。」[三]

三大面向，超越文化隔閡

經過一段時間淬鍊，年輕世代逐漸開始接手，主導技術研發，再加上國外顧問不時來台指導，不少人因此快速成長，成為相關領域的專家。不過，台灣團隊與外籍專家共事，其實是跨領域、跨文化的合作，歷程看似平順，實則並非易事。能夠無縫接軌，台灣團隊虛心學習、海外學者換位思考、政府大力支持，三大面向缺一不可。

「相較於亞洲其他投入同步加速器建造的國家，通常速度很快，看到可行方案便迅速做決定，建造的速度也很快；反觀台灣，速度比較慢，但那是因為團隊成員看到可行方案時，還會尋找其他方案進行比較，再做出最好的選擇，」韋德曼認為，台灣團隊面對新事物毫不畏懼，是最大的區別。

「這樣的過程較為耗時，卻能藉此累積更多知識基礎，在遇到不同狀況時提出最佳方案，」韋德曼認為，正因如此，台灣執行團隊才能與技評會維持良好關係，也才能成功培育年輕人才、傳承技術與經驗，在台灣光源建造成功後，接著執行超導高頻共振系統、超導磁鐵等新工作，甚至更進一步挑戰台灣光子源計畫。

此外，外籍專家的態度也影響甚大。

「多數評審委員來自美國，兩地文化、歷史、傳統迥

2015年，韋德曼（左）與時任國輻中心副主任羅國輝（右）巡視台灣光子源加速器。
（圖／國輻中心提供）

異，我們必須學習了解並尊重台灣的文化，同時考慮各種
現實層面的狀況，」威尼克特別重視相互尊重的態度，他強
調，「舉凡技術、計畫管理、人事等方面，評審委員都要不
斷提醒自己，切勿從習慣的角度提出建議，要特別注意文
化差異，避免產生不必要的誤會。」

　　再加上，「台灣政府相當了解這項計畫的價值，不僅
大舉投入經費購買設備，也支持同仁到國外實驗室受訓學
習加速器及實驗設施相關技術、如何使用光源進行科學研
究，」威尼克認為，這對台灣光源試車成功與日後的順利發

展，助益甚大。

　　典型例子之一，就是由於同步輻射計畫獲得吳健雄、袁家騮、李遠哲與丁肇中等知名科學家支持，因此當政府發現原計畫預算太低，仍願意提高經費來促成，相對地，威尼克直言，「如果在其他國家，遇到類似問題時，很可能計畫就會遭到政府裁撤。」

從技術輸入到技術輸出

　　八〇至九〇年代，台灣在建造第一座同步光源的過程中，曾獲得來自各國的技術評審委員和其他同步光源設施的大力協助，如今，「台灣同步輻射中心卓然有成，可以協助其他國家，」威尼克驕傲地說，「國輻中心從一個自國外輸入技術的設施，變成有能力輸出技術到其他國家。」

　　聯合國教育科學暨文化組織發起與贊助在中東地區推動 SESAME 計畫，於 2003 年在約旦境內開始興建中東第一座同步輻射設施。2005 年起，國輻中心便每年提供三個獎助名額，訓練 SESAME 年輕研究人員，進行為期一年的駐台見習，涵蓋實際操作精密儀器、實驗技術訓練、光束線設計與製造的研習，學成後就能獨立維護並使用同步輻射設施。

　　此外，台灣也在非洲、美洲、亞洲及中東同步輻射計畫（Lightsources for Africa, the Americas, Asia and Middle East Project; LAAAMP）扮演重要角色，持續分享技術與經

驗，協助各國發展同步輻射。

　　這是屬於同步輻射學界的地球村，有威尼克及韋德曼走過的足跡在前，台灣也將繼續在那些等待發光的土地上，貢獻一份心力。

一　許火順、林錦汝（2020.01）。〈威尼克〉。《國家同步輻射研究中心口述歷史初稿》，內部資料。新竹：國家同步輻射研究中心。

二　同參考資料一。

三　許火順、林錦汝（2020.01）。〈韋德曼〉。《國家同步輻射研究中心口述歷史初稿》，內部資料。新竹：國家同步輻射研究中心。

12　世界級的影響力

打造台灣科學神燈
——陳建德

留在美國？還是回到台灣？

頂著貝爾實驗室與突破軟 X 光世界解析度的光環，許多年輕科學家會選擇留在資源豐沛、待遇優渥的美國發展，然而，「那時同步輻射研究中心正像旭日東升，幾位重量級的指導委員都很看重我，都是我生命中的貴人……」當時在美國已是知名加速器應用物理專家、原本無意返台的陳建德說明，他如何在袁家騮、吳健雄、李遠哲、丁肇中等人力邀下，做出人生中最重要的決定。

這個決定，讓同步輻射中心有了截然不同的發展。

打造台灣的天龍八部

陳建德不僅將他在美國 BNL 的 NSLS 所建置之世界首座「龍光束線」搬到台灣並命名元龍，也在他的主導下，於台灣興建多條全新的龍光束線，包括：巨龍、顯龍、閃龍、幻龍和旋龍，連同原先的金龍與飛龍，為台灣光源寫下「天龍八部」傳奇。

在國輻中心主任任內，陳建德帶領中心躋身世界一流的研究機構；卸下主任職後，他仍舊全力協助完成台灣光子源興建，並於 2017 年獲總統蔡英文頒贈總統科學獎。

龍光束線的驚奇之旅

對陳建德來說，龍光束線的誕生，不僅是專業與努力的成果，冥冥中似乎也獲得不少「神助」。

剛自美國賓州大學獲得博士學位的陳建德進入貝爾實驗室工作，與好友塞特（Francisco Sette）共同投入軟 X 光實驗，在僅有 30 萬美元預算的有限條件下，發明了柱面元件分光儀，並以這個概念為基礎，在 NSLS 建造出世界第一座高解析、高束流的軟 X 光光束線。

原本這條光束線要命名為「眼鏡蛇」，但塞特建議他，不如以中華文化中最厲害的獸類「龍」來命名，龍光束線因此誕生。

不過，真正出現大突破，是在 1987 年耶誕前夕，讓陳建德感覺如有神助。那是一個雷雨交加的夜晚，陳建德正要趕回 BNL，當他開車進入一條小路，遠光燈突然照到一隻在地面上爬行的小動物，緊急煞車後下車查看，居然是一隻箱龜，他便將烏龜帶回車內。

龜與龍在風水、神話中，總有些特別意義，陳建德半開玩笑地說：「這是上天給我的『啟示』，那天的實驗將出現驚人進展。」沒想到，他的預感應驗了。

　　回到實驗室，他調整了狹縫及其他元件，結果原本應該只會出現一個吸收峰，那天竟然一連看到三個、五個、七個吸收峰，他忍不住跳起來，因為他知道打破世界紀錄了，軟 X 光的能譜解析力從當時最高紀錄 2,000，一口氣提升到 10,000 以上。

　　這樣的解析度，對光吸收實驗相當夠用，後來開發了很多高解析軟 X 光技術，用來進行各種科學實驗，陳建德也成為全球軟 X 光同步輻射研究翹楚之一。

陳建德（右）在NSLS設計的全球首座高解析、高束流軟X光光束線，在好友塞特（左）建議下，命名為「龍」。（圖／陳建德提供）

台灣光源發展重要推手

1993 年台灣光源出光運轉，但當時僅有三條光束線，指委會主任委員袁家驊經常邀請陳建德、梁耕三與翁武忠到家中，討論後續的「五年計畫」、「十年計畫」。

如今回顧，或許是一開始便結下善緣，也或許是指導委員早有延聘他們回台的想法，後來，這三位旅美加速器專家陸續於 1994 年至 1997 年間返台，擔任籌建處主任或副主任，成為台灣光源茁壯成長的重要推手。

「我會決定返台，除了指委會熱忱邀約的吸力，另外還有一股推力，」陳建德坦言，當時貝爾實驗室正計劃調整方向，希望強化與產業的連結，許多從事基礎研究的科學家陸續離開，有幾位相繼到美國 ALS、APS 和歐洲 ESRF 擔任主任，間接促成同步輻射人才開枝散葉。

當時，陳建德也心生辭意，打算在美國找尋教職，不料指委會多位大老紛紛鼓勵他返台擔任中心主管，李遠哲甚至打了兩、三次電話給他。

輾轉躊躇之間，是好友梁耕三的一句話，讓他對生涯產生了不同的想法。

「在美國，不管是麻省理工學院或柏克萊大學，你都只是大池塘中的小魚；若是回台灣，你能做更多事、影響力更大……」

恰巧，為了鼓勵海外學人返台服務，當時政府也祭出

不少措施。

陳建德是第一位獲得李遠哲傑出人才基金會「傑出人才講座」的旅外科學家，基金會每年提供 100 萬元獎助金，並補助小孩念到高中的教育費。他坦言，這些獎助及補助，是他決定舉家返台的關鍵因素之一；此外，時任國科會主委郭南宏也核撥 1,200 萬元，讓陳建德搬回在美國的龍光束線。

種種措施，讓陳建德毫無後顧之憂，全心投入台灣同步輻射光源發展工作。

引領改制財團法人

陳建德於 1995 年返台後，先後在同步輻射中心擔任兩年副主任、八年主任，在中心改制為財團法人及爭取「台灣光子源同步加速器興建計畫」過程中，扮演關鍵角色。

「中心在籌建處時期，每年立法院質詢時，都被稱為『黑機關』，所以我們希望早日解決定位問題，」陳建德回憶，當時同步輻射中心的定位有三個主要選項，分別是隸屬中研院、改制行政法人、改制財團法人，由於當時《行政法人法》尚未制定，因此先以隸屬中研院或改制財團法人為主要考量。

在與中研院討論的過程中，發現兩個單位體制屬性差異極大，人員考核不易統一，中研院可能必須另訂辦法才能管理同步輻射中心，隸屬中研院這條路暫時不通；時任

國科會主委劉兆玄建議，同步輻射中心可朝單獨成立財團法人方向進行，雖然比較辛苦，但較有自主性、沒有束縛，後來中心便朝這個方向爭取改制。

不過，一開始，這樣的構想並未得到各界支持，甚至遲遲無法排進立法院的議案中。

為了爭取立院諸公支持，陳建德準備好說帖及充足資料，前後拜會二十多位立委，並經常利用各種場合與機會，向各界解釋同步輻射中心獨立運作的好處。

「他們對科學相關議題不會有太強的反對意見，那時（2001 年至 2002 年間）中心也有不錯的發展，」陳建德說，加上誠意溝通、廣結善緣的態度，同步輻射中心改制成財團法人終於順利過關。 二

啟動台灣光子源興建計畫

在陳建德帶領下，同步輻射中心有如脫胎換骨，不僅致力於提升加速器功能、光源穩定度與注射效率，更在 2005 年完成困難度極高的超導高頻共振腔、超導插件磁鐵、恆定電流累加注射三項重大計畫，一舉將台灣同步光源設施、運轉及技術提升至世界頂尖水準。

1994 年時，台灣光源只有三條光束線及三座實驗站，到 2005 年陳建德卸任時，已有八座插件磁鐵、二十八條光束線及五十四座實驗站，比原先規劃每年增加兩條光束線的速度還要快，建造速度和整體規模與先進國家相比毫不

遜色。三

此外，為了讓台灣得以躋身全球具有超高亮度 X 光光源的先進國家行列，陳建德在卸任前兩年，向學術界積極倡議，興建一座新的同步光源，並先後舉辦十多場說明會與討論會，在 2005 年 7 月完成《台灣光子源籌建可行性研究報告》提報國科會，行政院於 2007 年 3 月同意興建。

改制成功後的國輻中心擁有更多自主運作空間，也才有機會爭取近 70 億元預算建造台灣光子源。

陳建德（左）將總統科學獎獎座贈予國輻中心，由時任中心主任果尚志（右）代表接受，並設置「光環」論文獎，獎勵發表高影響力傑出論文。（圖／國輻中心提供）

　　「台灣光子源同步加速器興建計畫」獲得行政院同意後，陳建德扛起首席指導、計畫總主持人的重任，帶領眾人著手興建台灣有史以來規模最大的跨領域共用實驗設施——電子束能量達 30 億電子伏特、周長 518 公尺、超低束散度 1.7 奈米徑度（nm-rad）的同步加速器，能產生光亮度比台灣光源高一百倍至一萬倍的軟 X 光與硬 X 光，為台灣後續數十年的尖端實驗奠定堅實基礎。

　　「熱愛科學實驗，矢志打破技術極限！」陳建德在獲頒 2017 年總統科學獎時，贏得如此美譽。直到現在，在國輻中心的實驗站，仍常看到陳建德動手安裝設備、做實驗的身影。

　　從發明高解析分光儀，到領導完成台灣有史以來規模最大的尖端實驗設施，陳建德不僅為台灣科學界帶來諸多啟發，更是具有全球影響力的物理學家。

　　可貴的是，他胸懷世界，心有台灣。

點亮創新科研之路

　　獲得總統獎後，陳建德捐出獎金，設置太陽能板，用每年發電產生的盈餘設立「光環」論文獎，頒給使用同步輻射發表高影響力的論文，希望藉此鼓勵更多科學家投入同步輻射研究。

　　「他是世界上非常有名、很有成就的科學家，很少有人對物理、儀器、加速器都有所了解，」對於國輻中心歷

屆主任，丁肇中印象最深的就是陳建德，「他回國後，帶領整個團隊徹底將實驗做到國際水準，儀器的設計、管理的水準，以及研究的氣氛與成果，都變得不一樣，逐步可與世界其他國家競爭。」

李遠哲也特別提到陳建德，認為他是台灣同步輻射從台灣光源到台灣光子源的關鍵人物，更不吝稱讚：「他是真正從事實驗的科學家，回來後主持台灣光源及台灣光子源建造時，遇到各種棘手問題都會親力親為，實地了解、探索及解決。」

相較於台灣光源靠著許多外籍專家協助而完成任務，台灣光子源完全由國人自行設計、主導興建、研發組裝、整合系統、試車成功，更加別具意義。

這座可以提供亮度超過傳統 X 光兆倍以上的光源，就像是一座「超亮 X 光神燈」，點亮台灣在生物醫學、奈米科技等領域的創新科研之路。

「希望讓這裡的用戶可以做出影響深遠的重大科學發現，將諾貝爾獎搬回台灣，」這是陳建德最殷切的期待。

一 許火順、林錦汝（2020.01）。〈陳建德〉。《國家同步輻射研究中心口述歷史初稿》，內部資料。新竹：國家同步輻射研究中心。

二 同參考資料一。

三 陳建德（2013.09）。〈創造二十一世紀台灣科研奇蹟〉。《光芒萬丈：國家同步輻射研究中心光源啟用二十週年紀念文集》。新竹：國家同步輻射研究中心。

13 小池塘裡的大魚

擴大國際影響力
——梁耕三

「到底是置身於小池塘或大池塘，可以說是這些年的最佳寫照……」梁耕三在台灣光源啟用二十週年時，這樣形容他自美返台的心境。

「小池塘的大魚」、「大池塘的小魚」，你選擇做哪一個？又或者，因為你的選擇，從此改變了池塘的生態？

1997 年，梁耕三以旅美知名同步輻射應用物理學家的身分，回到台灣推動同輻研究與多項科技外交工作。原本只是期待自己從美國「大池塘的小魚」，變成台灣「小池塘的大魚」，但在全球化趨勢及亞太地區快速成長驅動下，台灣這座小池塘與亞太鄰國匯流成大池塘，而他也在這個過程中發揮關鍵影響力。

推動參與國際社群

「發展同步輻射是我選擇回台灣的主要原因，它是我的志業，」梁耕三指出，「同步輻射社群是相當國際化的組織，我能做的是協助同步輻射中心參與這個國際社群。」

　　梁耕三在史丹佛大學攻讀博士學位時，便已從事同步輻射研究，後來又在美國埃克森美孚公司負責位於 BNL 的 NSLS 三條 X 光光束線，是身經百戰的硬 X 光科學家。不過，他加入台灣同步輻射發展陣營的開始，場面卻有點出乎意料。

　　「某次回台，同步輻射中心主任劉遠中跟我說：『吳大猷要見你。』我到了吳大猷位於廣州街的寓所，當場還有蔣彥士、閻振興等指導委員，這個陣仗讓我嚇了一跳！」

　　開場的畫面英雄雲集，十足的誠意打動了梁耕三，決定加入台灣光源團隊，先後擔任副主任與主任，長達十三個年頭。甚至，他還沒來得及整裝回台，就與時任國科會主委劉兆玄碰面，並把握機會呼籲：「台灣光源能量較低，不適合做 X 光科學實驗，但美國、日本、南韓都已經有適合的設施。」[二]

　　時值 APEC 部長會議前夕，劉兆玄前往南韓與會，得知日本已將同步輻射設施列為 APEC 會員國的共用設施，更加大力支持梁耕三提出國際合作、擴大台灣科研版圖的建議。

　　「APEC 部長會議可說是春八國際合作計畫啟動的重要契機，」梁耕三指出，那時國外部分先進光源設施正朝國際化發展，例如，美國阿岡國家實驗室主任也曾來台爭取合作，但同步輻射中心考量日本具有地緣及文化的鄰近性，加上提供的條件更優惠，最終決定與日本春八合作。

台、日之間並無邦交，當時印度也在積極爭取，因此，儘管只是單純的科學交流，這個計畫還是卡在日本外務省，遲遲無法過關，直到印度進行核子試爆，春八與印度的合作計畫被迫喊停，但春八主任上坪宏道推展國際化的目標不變，台、日合作出現轉機。

關鍵時刻，發生在一次晚餐後。

小餐巾紙上的大計畫

那天，劉遠中帶著梁耕三等三人在日本展開拜會行程。晚餐後，喝咖啡時，上坪宏道拿出一張餐巾紙，上面寫著台灣同步輻射研究中心籌建處與春八所屬機構日本高輝度光科學研究所的合作模式：

台灣，以亞太科學技術協會為代表，與日本高輝度光科學研究所簽訂合作備忘錄。

上坪宏道規劃出台、日合作架構，也為雙方的非官方合作找到解套方法。為了紀念那個關鍵時刻，梁耕三特別把餐巾紙裱框留存至今，台灣也於 2000 年在日本春八建造完成光束線。[三]

隨著梁耕三與日本同步輻射社群逐漸熟識，他在 2006 年接掌主任後，有感於區域經濟崛起與國際交流的迫切，積極向日本相關人士建議，應成立亞太同步輻射論壇。同年 11 月，由日本、南韓、中國大陸、台灣、印度、新加坡、泰國共同發起的亞太同步輻射論壇在日本筑波成立。

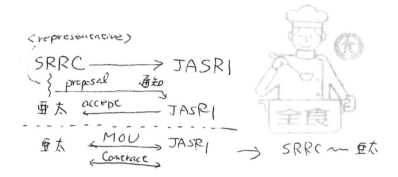

春八主任上坪宏道在餐巾紙上描繪出亞太科學技術協會與日本高輝度光科
學研究所（JASRI）的合作模式。（圖／國輻中心提供）

影響所及，不僅促成各國光源設施之間的技術發展交流，
也成為學者科研心得與成果交流分享的園地。

開展國際合作

　　梁耕三透過同步輻射研究進行科技外交，推動不少國
際合作案，像是協助中東 SESAME 光源培訓人才，便是在
他任內達成。

　　國輻中心與 SESAME 在 2005 年年底簽署合作備忘
錄，每年協助培訓三位研究人員，提供旅費與生活費補
助，以及儀器操作、實驗技術訓練、光束線設計與製造等
方面的研習，等到這些研究人員學成歸國，便可獨立維護
並使用自己的光源設施。

　　這樣的模式，讓許多受訓學員對台灣留下深刻印象，
台灣同步光源與科研實力的國際能見度，也因此擴及中東

2009年，時任國家同步輻射研究中心董事長李遠哲（左）、主任梁耕三（中）和建造計畫總主持人陳建德（右）巡視台灣光子源用地。（圖／國輻中心提供）

地區。

　　中東之外，梁耕三也與泰國光源建立良好互動關係。

　　當時，他受邀前往泰國光源參觀，提出「台灣跟泰國之間應該建立合作關係」的建議；後來，泰國光源加速器遇到光源穩定度問題，同步輻射中心便出借一座台灣研發的超導聚頻磁鐵，協助泰國設置 X 光光束線，之後更進一步開展許多人才、設備、技術等面向的合作。

爭得預算，促成台灣光子源

　　除了國際合作的成績單，爭取台灣光子源建造計畫的最後一哩路，也是在梁耕三的帶領下完成，並向國科會及經建會爭取到合計近 70 億元的預算。

　　當時，國輻中心董事長李遠哲同意支持這項計畫，但通過的方案光是建造本體就需要花費 68.8 億元。正當大家煩惱不已，時任國科會主委陳建仁建議：「可以嘗試向經建會申請部分經費。」然而，提出申請後，經建會遲遲沒有表態。

　　為了突破瓶頸，梁耕三前往拜會時任經建會副主委張景森，向他說明台灣光子源計畫緣由及目標，並把握張景森前往新竹訪視的機會，親自帶他參觀台灣光源的儲存環，讓張景森對台灣自主研發的加速器留下深刻印象。

　　這番努力果然奏效，經建會為台灣光子源編列二十多億元的土木建築預算。接著，梁耕三又陸續解決土地、輻

射安全、環評等問題，大幅修改計畫內容，讓環保署、經建會、主計處等單位一一點頭……，行政院也在 2007 年 3 月同意台灣光子源興建計畫。[四]

「台灣光子源計畫遇到經費、土地等許多問題，靠著眾人的努力與幫忙才克服難關，希望大家記得這些前人的付出，」說起當年的種種，梁耕三的語氣充滿感恩，並且強調，「未來台灣光子源可以有很多機會，尤其是協助東南亞國家，日本與中國大陸都衝得很有勁，中心要有更遠大的眼光，積極培養主管人才與國際人脈，甚至爭取成為國際機構的科技要角。」

儘管卸任多時，梁耕三心心念念的，還是國輻中心國際化的進程。

一 梁耕三（2013.09）。〈NSRRC 二十週年感言〉。《光芒萬丈：國家同步輻射研究中心光源啟用二十週年紀念文集》。新竹：國家同步輻射研究中心。

二 許火順、林錦汝（2020.01）。〈梁耕三〉。《國家同步輻射研究中心口述歷史初稿》，內部資料。新竹：國家同步輻射研究中心。

三 同參考資料二。

四 同參考資料二。

14 從使用者變推動者

擴展應用與人才培育
——張石麟、王瑜、王惠鈞

「過去三十多年，同步輻射對台灣科學發展的影響絕對是正面的，因為增加了許多頂尖研究領域、研究人才與實驗工具，使得解決科學問題更為得心應手 ……」這段話，不僅是張石麟的心聲，也道出多數國輻中心用戶的想法。

從籌建初期遭外界質疑缺乏用戶，到每年都有來自國內外大學與研究機構，超過上萬人次進行各領域的科學實驗，涵蓋台灣、歐洲、美國、中國大陸、日本、澳洲等世界各地的研究團隊，國輻中心早已脫胎換骨，從一個實驗室蛻變成媲美先進國家的國際研究機構。

多元應用的見證者

張石麟、王瑜都是同步輻射設施的資深用戶，並且全力幫助同步輻射中心訓練學員、建立實驗站，成為推廣這項科學研究利器的一員。他們兩人在同步輻射中心籌建初期就協助訓練學員，之後擔任用戶組組長與副組長；台灣光源出光後，他們便開始使用同步輻射進行研究。

至於王惠鈞，更是人還在美國，就已開始幫忙培訓學員；返台後，又進一步協助建置蛋白質結晶學光束線，並使用台灣光源和日本春八從事蛋白質晶體學研究。

在這三位資深用戶眼中，同步輻射中心擁有優質的設施與完善的服務能量，國外設施無可比擬，而他們也在各自擅長的物理、化學、生物等領域，利用同步光源持續做出世界級的研究成果，並當選中研院院士，成為台灣光源擴展多元應用層面的最佳見證者。

接棒推動國輻中心運作

張石麟是世界知名的 X 光射線繞射物理學家，他在1975 年取得美國紐約布魯克林理工學院博士後，就前往巴

張石麟是世界級X光動力繞射理論與實驗大師。（圖／《自由時報》提供）

西聖保羅州立甘比納斯大學（Univ. Estadual de Campinas）
任教，1981 年至 1982 年曾短暫受邀到德國馬克斯普朗克研
究院固態物理研究所擔任客座教授，開始接觸同步輻射。

　　「當時恰巧有機會到德國電子同步加速器（Deutsches
Elektronen Synchrotron, DESY）從事 X 光繞射相關實驗，
從此與同步輻射結下不解之緣 ⋯⋯」張石麟曾說，他沒有
想過會回到台灣任教、研究，更別說是參與同步輻射計畫
長達三十年，「最重要的轉折是 1984 年至 1985 年，我受邀
到清大物理系擔任客座教授，接觸到當時正在籌建的同步
輻射中心，返鄉服務的念頭開始蠢蠢欲動。」

　　對科學家來說，良好的研究環境十分重要，也就是研
究工具必須具備延續性，可以支持他做十年、二十年的研
究，而當時台灣興建中的同步輻射設施便是一項利器，讓
張石麟得以毫無後顧之憂，安心返台。

　　「他在 2010 年至 2014 年擔任同步輻射中心主任，雖然
自謙為扮演接棒角色，但這一棒接得漂亮、接得棒，而且
跑得快，不僅讓同步輻射中心得以順利運作，而且在興建
台灣光子源設施這項艱困工作上，獲得重大進展，」2016
年 4 月，在張石麟的榮退茶會上，時任國輻中心董事長陳
力俊細數張石麟的出色表現。

為結晶學開啟另一扇窗

　　王瑜有「台灣結晶學之母」的美譽，他在 1973 年取得

王瑜開創許多台灣女性科學家「第一」的紀錄，被尊為「台灣結晶學之母」。（圖／《遠見雜誌》提供）

美國伊利諾大學化學博士後，曾赴加拿大國家研究委員會工作五年，1979 年返台服務，於台大化學系任教，是極少數從國輻中心尚在籌建處時期到財團法人階段，一路見證並參與中心成長的學者。

八〇年代，王瑜返台後便積極推動學員選訓計畫、舉辦第一次用戶會議，為同步輻射中心用戶培育奠立穩固基礎；1990 年時，原任用戶組副組長張石麟因出國研究一年，便由王瑜接下同步輻射中心用戶組副組長一職，1993 年任代組長。同步輻射中心改制財團法人後，王瑜於 2006 年至 2012 年擔任董事會執行祕書，後來受聘為董事。

隨著台灣光源於 1994 年正式啟用，王瑜開始使用同步輻射進行實驗，但當時台灣光源沒有適合小分子單晶繞射的光束線，他轉而使用 X 光吸收光譜探討光激發自旋捕捉現象，了解激發態電子結構；2010 年，他又使用日本春八和美國先進光子源設施，研究雷射激發 X 光探測之激發態單晶繞射，果真成功捕捉到激發態的晶體結構，並觀察到單晶狀態的變化。

王瑜的研究成果，令許多國際學術界同儕羨慕不已，而他在興奮之餘也不曾忘記，「能有這樣的研究成果，都歸功於台灣優質的光源設施打下的基礎。」

生技領域的全能好手

王惠鈞是國際知名的生物化學學者，主要研究領域為蛋白質晶體學及結構生物學。他在 1974 年取得美國伊利諾大學香檳分校博士學位後，先後在麻省理工學院及伊利諾大學進行研究並擔任教職；1979 年，他與美國生物學者瑞奇（Alexander Rich）首次解開具有左旋雙股螺旋構型的 Z 型 DNA 結構，從此揚名國際。

王惠鈞在 2000 年獲選為中研院院士，返台後擔任中研院生物化學研究所所長，是台灣蛋白質結晶學研究發展的重要推手，也培育出許多國內外的優秀研究人才；2006 年至 2011 年擔任中研院副院長期間，更協助規劃南港國家生技園區，積極提升台灣生技產業的國際競爭力。

2017 年，王惠鈞獲頒總統科學獎，贏得「領航台灣生技產業新紀元，名譽蜚聲國際，培育英才不遺餘力」的讚譽，但他強調：「人生不能只有一支全壘打！」[二]

王惠鈞將人生的座右銘落實在四十多年的研究生涯，一直保持「不跟隨潮流，要創造潮流」的精神，而同步光源就是他的實驗祕笈，他帶領許多中研院研究員投入蛋白質晶體學研究，並應用結構生物學進行藥物發展、改造抗體，大幅提升藥物效能。

培育用戶，共學成長

張石麟於 1986 年返台，不久後便兼任同步輻射中心用戶組副組長，協助早期用戶人才培訓與建立 X 光研究群，即使借調擔任國科會自然處處長期間，仍不時協助中心用戶組業務，遴選七期、二十四位碩博士學員，到世界知名的同步輻射設施受訓。

經過多年養成，如今，這些學員都在各研究機構或大學有傑出及活躍的表現，例如：陳錦明、張凌雲、李信義、許火順、賴麗珍、簡玉成、林宏基、李志甫、鄭炳銘、江素玉、喻霽陽等，都在國輻中心任職；貝瑞祥、李志浩、洪雪行則轉往大學任教，並持續深耕同步輻射相關研究。

「當時台灣幾乎沒有具備使用同步輻射經驗的用戶，必須借重國外機構訓練人才，」張石麟說明，同步輻射國際社

王惠鈞終身致力於生技研究與
藥物開發，圖為王惠鈞與其
Z-DNA模型。（圖／2017年總統
科學獎委員會提供）

群相當友善，也很歡迎學員加入，因為可以協助他們充實
研究人力。

　　不過，同步輻射中心並非隨意指派學員前往，而是考
量人員與技術能否順利銜接，因此，「我們會先確認國外可
以幫忙培訓的實驗室有哪些，接著徵選合適的學員，與研
究團隊初步接觸互動，等到兩邊『配對』成功，才將學員
送往國外受訓，」張石麟說。[三]

　　非但如此，「聘用的學員經過十多年後，多半還在同步
輻射中心服務，對後來中心的用戶成長貢獻很大，」王瑜為
當時的用戶培訓工作如此注解，也呼應了張石麟的評價。[四]

王惠鈞則是發揮所長，在同步輻射中心發展 X 光設施的過程中，提供不少協助。

台灣光源早期因電子能量設定在 13 億電子伏特，用在硬 X 光研究略顯不足，若要進行硬 X 光實驗，還是得遠赴國外使用光源設施。

1989 年，是啟動改變的關鍵。那年，包含王惠鈞在內的多位海外學者，建議在台灣光源加裝增頻磁鐵，拓展硬 X 光領域的科學研究，並成立專案執行委員會，成員包括王惠鈞、梁耕三、黃念祖、汪必成等人，決定使用插件磁鐵，規劃出繞射、吸收光譜、粉末繞射這三條分支的光束線，正式啟動台灣同步輻射硬 X 光研究。

2000 年，王惠鈞擔任中研院生化所所長，與同步輻射中心的合作更趨緊密。他與當時的中心主任陳建德合作主持「同步輻射蛋白質結晶學設施之興建與使用計畫」，建造一座超導增頻磁鐵、兩座高效能生物結晶學專用光束線，做為基因體醫學國家型科技計畫的 X 光核心設施，成為蛋白質結晶學研究的重要利器。

釐清定位，提升研究水準

國輻中心對用戶及學生的研究支援與服務備受好評，但若反向思考，這也意謂著台灣與國外的研究環境迥異，而這個差異，可能影響國輻中心的長期發展。

「台灣的大學教授用戶較少到中心實際進行實驗，幾

乎都是仰賴研究生，但絕大多數研究生的使用經驗比較不足，從系統準備、實驗樣品設置到數據分析，都要依賴熟練的中心內部人員協助，」王瑜比較台灣與國外的差別：「國外用戶多半較熟悉設備，實驗的態度更積極主動，中心僅是提供光源設備而已。」[四]

「國輻中心應該朝卓越研究中心發展，研究人員除了支援用戶，還必須投入尖端研究，」張石麟也抱持相同看法，認為「這樣一則可提升研究水準，一則可發展新領域。」

相對地，他指出，「如果中心僅提供服務，會流於貴重儀器使用中心的角色，所有人都是技術員，很難持續創新，根本稱不上是研究中心。」

「現在蓋一流的硬體設施已經不難，倒是用戶經營方面可以調整做法，」王瑜建議，內、外部可攜手合作，譬如，中心內部鼓勵提出好的題目，吸引外部研究團隊合作，從事一些數量不多但更有突破性的實驗，同步輻射的研究才能升級，也更能彰顯國輻中心與其他研究機構的差異。

一　陳力俊（2016. 04）。同步輻射中心張石麟院士榮退茶會致詞。一個校長的思考。取自
　　http://lihjchen1001.blogspot.com
二　李虎門（2017.11）。〈王惠鈞：人生不能只有一支全壘打〉。《環球生技》月刊。
三　許火順、林錦汝（2020.01）。〈張石麟〉。《國家同步輻射研究中心口述歷史初稿》，內
　　部資料。新竹：國家同步輻射研究中心。
四　林錦汝、林克瑩（2005.01）。〈王瑜教授專訪〉。《同步輻射中心簡訊》。新竹：國家同
　　步輻射研究中心。

第三部

點亮台灣

光的演進，演繹著文明的軌跡。

科技的發展，便在這樣的軌跡上前行，

承載著人類實現生活夢想的希望。

1 從石斑魚到人腦圖譜

打開生醫研究的
福爾摩斯之瞳

自從倫琴（Wilhelm Conrad Röntgen）發現 X 光，並為科學家熟練使用，便成為物質結構研究不可或缺的法寶，而經由同步加速器產生的 X 光，亮度至少是傳統 X 光的一億倍，可以深入探究物質結構，精細至 0.1 奈米——相當於頭髮直徑的三十萬分之一，就像是登山客的頭燈，為科學家照亮前方的路，如同偵探一般，探究生命科學的奧祕。

同步加速器產生的 X 光，亮度高、解析度也高，可用於解讀龐大而複雜的生物蛋白質結構，可說是突破二十世紀生命科學研究瓶頸的鑰匙。

DNA 是由 ATGC 四種去氧核醣核酸構成的遺傳密碼，決定蛋白質的基本結構，因此，了解 DNA 的排序就可以掌握免疫蛋白質與毒素的交互作用，以及病原反應機制，解開生、老、病、死等生命現象的種種謎團。

以人類而言，全世界沒有兩個人的 DNA 序列完全一致，而不同的 DNA 序列會產生不一樣的蛋白質。生理作用上，DNA 先複製成核糖核酸（RNA），送到核醣體工廠做為

模板，再依照這個模板生產蛋白質，負責執行各種生理功能，一旦蛋白質變異，產生功能異常，人們便會生病，而設計藥物「殺掉」壞蛋白質，便可治癒疾病。

簡言之，蛋白質的 3D 結構像個鎖，藥物就是鑰匙，鎖和鑰匙必須匹配才能發揮藥效。

加速新藥與疫苗研發

全球科學家在 1990 年推動「人類基因體計畫」，與「曼哈頓計畫」、「阿波羅登月計畫」並稱為人類科學史上的三大工程。

計畫推動之初，科學家預計需要耗費十五年時間，才能決定人類的 30 億個 DNA 全序列，排列出執行人體生化功能的 10 萬個基因序列，但實際執行卻提前了五年，在 2000 年便完成基因定序，因此得知人體有哪些蛋白質種類，但蛋白質的 3D 結構仍然是個謎，必須透過蛋白質晶體繞射技術才能解開。

立下大功的關鍵技術，正是同步輻射。

過去，至少需要約 1 毫米大小的蛋白質結晶，才能進行結構解析；現在，透過同步光源，可以聚焦到微米級的準確度，只需要以往千分之一大小的結晶，便可完成實驗，大幅克服長晶的困難，更能降低實驗誤差。從此，科學家們可以了解疾病根源，全球藥廠也紛紛利用同步輻射研發新藥。

　　台灣素有石斑魚養殖王國的美稱，每年產值超過80億元，名列世界第一，產量年約2.5萬公噸。然因近年氣候變遷，養殖環境劇烈變化，使得養殖漁業漸趨艱辛，且經常爆發石斑魚病毒感染疫情，魚苗育成成功率不到10％；更可怕的是，石斑魚神經壞死病毒好發於稚魚階段，只要有一尾石斑魚受到感染，整池魚就會在短時間大量死亡，造成重大損失。

　　要解決這個問題，必須三管齊下：掌握病毒特性、了解魚苗免疫力，以及健全的養殖環境監控與管理，才有機會達到安全生產與永續經營的目標。

　　國輻中心副主任陳俊榮與成功大學生物科技研究所教授陳宗嶽等人，利用台灣光源及日本春八進行跨國研究，

石斑魚病毒蛋白質晶體3D結構解析，有助於疫苗之開發。（圖／陳俊榮提供）

耗時近五年，解析出石斑魚神經壞死病毒的 3D 結構，發現病毒表面密布突出單元。

突出單元的功能如同一把鑰匙，與魚類細胞膜上的受器結合後，可讓魚類細胞膜門戶洞開，造成感染死亡。

石斑魚神經壞死病毒表面均勻密布六十顆高對稱性的突出單元，每顆突出單元各由三個外鞘蛋白組成。要解決問題，可透過同步輻射讓研究團隊看清楚石斑魚神經壞死病毒的結構，深入了解病毒組成，掌握魚類細胞感染的關鍵機制，進而開發相應的標靶疫苗。

從癌症治療到癌症預防

對於解決國人十大死因之首的癌症，同步輻射也能發揮作用。

癌症發作前，人體有一種蛋白質生長因子的量會突然增多。在健康狀況下，人體內也存有這種生長因子，並不會造成危害，然而一旦數量超標，便會轉變成癌細胞，堪稱癌症前兆的重要指標之一。

許多研究已經證實，在人類的十大癌症，包括：乳癌、口腔癌、胰臟癌等，都有這類蛋白質的身影，就像是癌症病患的催命符。

由陳俊榮帶領的團隊，藉助台灣光子源，解析出肝癌衍生生長因子結合基因的 3D 結構，成為全球第一個從結構生物學角度，發現肝癌衍生生長因子誘發癌症機制的研究

團隊。

科學家發現，基因結合反應區會刺激細胞增生，未來可以根據這項結果研究專用藥物，降低體內肝癌衍生生長因子數量，或抑制肝癌衍生生長因子基因結合反應區的功能，從「癌症治療」提升到「癌症預防」。

「台灣光子源的超高亮度 X 光，是台灣光源的一萬倍以上，是解析結構的重要關鍵，」陳俊榮說明，他剛開始使用台灣光源做實驗，每個晶體至少耗費一個半小時才能取得完整數據，但長時間照射 X 光會破壞晶體，直到改用台灣光子源，只需要十二秒即可完成，曝光時間是以往的 1/450，在晶體遭受 X 光破壞之前就可取得完整數據。

邁入精準醫療時代

更進一步，國輻中心開發出獨步全球的紅外線醣吸附動力學影像數位技術（Infrared Wax Physisorption Kinetics, iR-WPK），只要六至十五分鐘，就可從病理組織切片及細胞樣品上變異的醣衣辨識癌細胞。

人體細胞表面覆蓋大量的醣分子結構，如同裹著一層醣衣，是細胞與外界溝通的重要橋梁。在細胞癌化過程中，這層醣衣會產生結構變異，是罹癌的重要警訊之一。

目前醫學上常用的癌症篩檢技術，包含組織病理分析法、質譜學法與酵素連結免疫吸附分析法，因為前處理程序複雜，測定時間需要數小時到數天，檢測結果也常有偽

陽性與偽陰性的問題；反觀 iR-WPK，採用快速且自動化的影像數位技術，解決了傳統檢測方法耗時、人工判讀失誤及破壞檢體等缺點。

國輻中心研究員李耀昌解釋：「iR-WPK 技術首創以石蠟及蜂蠟做為顯影劑，標示穿著變異醣衣的癌細胞，再利用同步輻射紅外光，以非破壞性檢測方式掃描癌細胞，短時間就可揪出零期癌症及癌前病變，在智慧醫療產業極具發展潛力。」

目前 iR-WPK 技術已進入臨床試驗階段，並有多間醫療機構參與合作，可檢測十種癌症，包括：結腸癌、乳癌、胃癌、口腔癌、卵巢癌、子宮頸癌、前列腺癌、皮膚癌、神經內分泌瘤，以及神經膠質母細胞瘤。

另外，台灣慢性腎臟病患者每年花費的健保支出高達 513 億元，蟬聯十大國病首位，而 iR-WPK 技術也可運用在腎臟病的診斷和預後評估，有助加強慢性腎臟病防治與早期治療。

創新腦科學研究技術

大腦操控一個人的所有行為，若說揭密人腦的神祕拼圖是全人類有意識以來最偉大的終極夢想也不為過。然而，人腦的精細程度遠超乎大家想像，建構人腦神經網路圖譜成為全球神經科學家最艱難的挑戰。

同步輻射的亮度，讓科學家不再受制於光學顯微鏡光

源不足的局限，能夠精細至奈米級結構，成為人腦圖譜研究的利器。中研院院士江安世與中研院物理所研究員胡宇光帶領的團隊，便長期與國輻中心合作，在人腦圖譜研究獲得重大進展。

研究團隊以生物組織澄清技術（FocusClear™），讓果蠅腦變透明，輔以層光掃描及單分子定位顯微技術，可在短時間內以 3D 解析果蠅全腦所有的神經突觸。

生物腦具有相似性，所有生物腦皆由神經細胞組成，神經訊息傳遞共用相同的分子，學習與記憶使用許多共有的基因與蛋白質。於是，當江安世以這項技術建構人類史上第一個果蠅腦神經網路圖譜，轟動整個神經學界——這不只是一個果蠅腦的神經網路圖譜，而是解密神祕人腦的敲門磚。這項成果，發表在《當代生物學》（*Current Biology*），《紐約時報》則稱「這是完成人類大腦圖譜的第一步」。

2020 年，江安世在台灣神經科學聯會演講指出，若不考慮經費等其他問題，隨著目前科技發展程度，解構人腦圖譜的時間已可從一千七百萬年縮短到一百年，甚至很有機會進一步縮短。

跨國合作解構人腦圖譜

人類腦神經解密已經吸引歐美先進國家競相投入，台灣自然不能錯過。

　　由江安世、胡宇光所帶領的研究團隊，整合國輻中心、國家高速網路計算中心等單位，提議創立跨國性的SYNAPSE（Synchrotrons for Neuroscience – An Asia Pacific Strategic Enterprise）聯盟，預計在 2020 年至 2023 年間，利用超高解析度的 X 光 3D 成像技術與超大型計算設施，繪製第一個超高解析度人類大腦全腦神經細胞及其網路連結的圖譜。

　　SYNAPSE 聯盟成員涵蓋新加坡、澳洲、中國大陸、日本、南韓及台灣，共六個同步光源中心，並有包含神經科

國輻中心聯合亞太六大同步光源設施共同投入解構人腦圖譜工程。國輻中心主任羅國輝（前排左一）、國網中心副主任林逢慶（前排右三）與SYNAPSE聯盟聯絡人胡宇光（後排左一）均出席簽約儀式。（圖／國輻中心提供）

學、計算科學、物理、化學、工程等研究單位的數百位科學家參與,其中台灣將負責構建人類全腦及小鼠全腦圖譜中最重要的影像擷取、處理、工作協調及資料管理等事宜。

胡宇光估計,只要大約四年,SYNAPSE 團隊就能繪製出第一個人類全腦神經細胞與連結的神經網路圖譜。二

相較於現行具有類似解析度的 3D 影像技術,例如:超高解析度可見光顯微鏡或電子顯微鏡等,X 光 3D 顯微成像技術的取像與處理速度快了十倍到一百倍。一旦 SYNAPSE 聯盟的大腦圖譜計畫順利完成,科學家很有機會掌握人腦每個神經元的分布位置與突觸連接方式,解開神經元的活動與認知行為的關聯,包含阿茲海默症和其他失智症等重大神經退化性疾病,都將可望有效治療。

江安世在接受國際知名期刊《自然》專訪時便提及,過去需要十年才能解出 50% 的果蠅神經元 3D 基因表現影像圖,現在透過同步加速器 X 光掃描,只需要十分鐘便能完成,未來可望用於解決人類神經系統頑疾。三

種種成果顯示,在科學家探索人腦奧祕的終極路程上,同步光源將是開啟新視界的重要利器。

一 陳其暐(2021.03.01)。〈透視大腦神經圖譜〉。《科學人》雜誌。取自:https://sa.ylib.com

二 亞太科學家聯手挑戰繪製人類全腦神經圖譜圖:SYNAPSE 聯盟於新加坡揭幕啟動(2020.01.15)。科技新報。取自:https://technews.tw

三 Neuroscience: Big brain, big data(2017.01.06)。取自:https://www.nature.com/articles/541559a

2 突破摩爾定律

推進半導體產業的
關鍵光源

近年來，半導體產業借重同步輻射的高亮度、高準直性，以及寬廣頻譜等特質，得以精準「看見」半導體材料的成分與電子結構，用來改善材料、推進奈米製程，帶來更大容量的硬碟、更輕薄的手機、更多元的互動模式……，啟動人們的智慧生活，點亮無數商機。

萬眾矚目的焦點

台灣擁有全世界最完整的半導體上、下游產業鏈，也是全球晶圓製造重鎮，當今各大先進國家爭相布局的重點產業。

半導體應用的場域相當廣泛，包括：人工智慧、物聯網、5G 通訊、智慧汽車等相關應用，也都與半導體技術息息相關。

多元化應用之外，為了能在同樣尺寸中放入更多運算單元，使效能更好、發熱更少、更加省電，晶圓製程正朝向 3 奈米、2 奈米，甚至 1 奈米挺進。

　　然而，目前全球各大廠正面臨傳統半導體材料的物理瓶頸。

改善半導體關鍵製程

　　隨著半導體製程邁向 3 奈米，如何跨越電晶體微縮的物理極限，並趕上摩爾定律（Moore's Law）每兩年電晶體密度增加一倍的速度，成為半導體業亟欲發展的技術關鍵，而極紫外光微影（Extreme ultraviolet lithography, EUV）便被視為未來邁向 1 奈米元件的主流製程技術。

　　但，挑戰來了。

　　當業界開始將希望寄託在 EUV，積極發展下一代微影技術，希望透過高能量、短波長的光源，將光罩上的電路圖案轉印到晶圓的光阻劑塗層，卻發現高亮度的 EUV 光源取得十分不易。

　　目前業界主要採用電漿 EUV 光源，但這種光源功率有限，且汙染嚴重；相對地，同步加速器產生的 EUV 光可以大幅提升功率超過 1,000 瓦，且藉由同步輻射其他鑑定技術，例如：超低掠角 X 光繞射、吸收與光電子能譜等技術，可精準分析超薄奈米晶片的物理、化學與電子結構，協助廠商改善半導體關鍵製程。

　　換句話說，同步加速器產生的 EUV 光源很有機會成為半導體產業突破摩爾定律的重要武器。

　　事實上，國輻中心已與半導體產業建立緊密合作關

係，除了與國際半導體設備大廠艾司摩爾（ASML）簽訂合作備忘錄，也執行了超過七年的台積電委託研究計畫，使用最尖端的加速器光源分析技術，協助解決奈米級關鍵材料問題，並與國際半導體設備廠密切合作，共同發展加速器 EUV 光源技術。

精進二維材料

除了改變電晶體基本架構，科學家也必須尋找具有優異物理特性且能微縮至原子尺度（小於 1 奈米）的電晶體材料，以突破晶片微縮化的 3 奈米製程極限。

厚度僅原子等級的二維材料，正是近年來的關注焦點。

二維材料擁有許多優異特質，例如：導電性佳、高強度、可調電子結構、透光等，在電子、光子、感測與能源等領域，極具發展潛力。目前常見的二維材料，包括：石墨烯、六方氮化硼（h-BN）、過渡金屬硫屬化物（TMDCs）等，被視為可突破物理極限、取代矽等傳統半導體材料的潛力新星。

台灣也在二維材料研究有所斬獲，相關成果已刊登在《自然通訊》雜誌（*Nature Communications*）。

由成大物理系教授吳忠霖與國輻中心研究員陳家浩組成的團隊，利用同步輻射觀察到可用以乘載二維材料的鐵酸鉍（$BiFeO_3$）鐵電氧化物基板，能有效在奈米尺度下，改變單原子層二硒化鎢（WSe_2）半導體不同區域的電性，

打開／關閉電流以產生 0 和 1 邏輯訊號，成功研發出僅有單原子層厚度（0.7 奈米）的二硒化鎢二極體。

效能更高、耗能更低

二維單原子層二極體的傳輸效率，較傳統矽半導體材料更佳，且厚度超越 3 奈米製程極限而變得極薄，可以 3D 堆疊技術合成各種不同功能晶片，而負責運算的傳輸電子被限定在單原子層內，可大幅降低干擾，提升運算速度達現今電腦的千倍、萬倍。

在這種情況下，自動駕駛車輛的感測與運動速度也會隨之提升千倍、萬倍；同時，由於所需能量極少，處理大

超越摩爾定律的單原子層電晶體

金屬導線

金屬導線

單原子層厚度
半導體（WSe$_2$）

鐵電氧化物基板
（BFO）

極化場（向下）區

極化場（向上）區

二維材料將是突破物理極限的半導體核心。（圖／陳家浩、吳忠霖提供）

量運算也不致過於耗能，未來手機可能一個月只需充電一次。[二]

「相較以往只能利用元素摻雜或增加電壓、電極等改變電性的方式，這項研究毋須加入金屬電極，」吳忠霖說，如此一來可大幅降低電路製程與設計的複雜度，避免產生短路、漏電或互相干擾的情況，有助業界投入開發低成本、低耗能、速度最佳化的次世代晶片，以及極具潛力的人工智慧與機器學習所需大量計算效能的元件。

引爆磁性記憶體革命

由國輻中心研究員魏德新主導的國際研究團隊，與師大物理系副教授藍彥文、德國彼得葛倫伯格研究中心（Peter Grünberg Institute）研究員涂舍（Christian Tusche）發現「鈷／二硫化鉬異質結構」，即便是在室溫下，也有自發磁異向性，找出操控自旋電子磁區方向的新方法，可望為半導體與光電產業帶來突破性的發展。

與傳統電子元件相比，自旋電子元件的能源使用效率相對更高，而且藉由新穎材料或是人工結構的製備來發現新奇的磁異向性，成為當前發展磁儲存與磁感應技術的重要關鍵。

正因如此，二維單原子層二極體成為新興的磁阻式隨機存取記憶體（MRAM）所需關鍵材料，引爆磁性記憶體革命。

MRAM 兼具儲存型快閃記憶體（NAND Flash）的非揮發性、靜態隨機存取記憶體（SRAM）的快速讀寫、動態隨機存取記憶體（DRAM）的高元件集積度等特質，儲存的資料即使斷電也不會消失，耗能較低且讀寫速度快、資料保存時間長，適合應用在人工智慧、機器學習等需要高效能運算的場域。

扮演業者的虛擬實驗室

台灣半導體業擁有強大且豐富的研發資源，若要進一步推動產業發展，同步光源可以扮演什麼樣的角色？

對此，同步輻射產業應用策略辦公室執行長許博淵提出了「同步光源虛擬實驗室」計畫，鼓勵業界用戶把國輻中心當成是自己的虛擬實驗室，使用國家級尖端設施，進行高精度、非破壞與臨場分析的材料分析，如此一來，不僅毋須自行耗費巨資建構設施，也能加速研發進程，即時回應市場需求。

這項計畫，為國輻中心創造獨特的利基，實施第一年便有重大斬獲。

台灣一家重量級的半導體公司，因此發現手機晶片漏電的缺失，而在改善這項缺失後，手機晶片省電率大幅提升，訂單源源不絕。

「材料分析就像拼圖，每一項技術只能給你一小塊拼圖，但有時就是缺少某一塊便無法看到全貌，」許博淵說

明，同步輻射技術正好補足關鍵的那一塊，成為改善晶片效能的臨門一腳。三

　　在半導體產業，國輻中心已陸續協助業者解決奈米尺度的關鍵材料問題、改善關鍵製程、提升晶片效能，未來兩者如何深化合作，創造更多效益與產業價值，值得期待。

一　推進摩爾定律極限！——同步光源在先進半導體技術應用（2018.12）。未來科技館網站。取自：https://www.futuretech.org.tw

二　超越「摩爾定律」的單原子層二極體，我國物理團隊亮眼成果榮登《Nature Communications》雜誌（2018.11.21）。科技部網站。取自：https://www.most.gov.tw

三　光耀台灣，同步輻射中心的產業開創（2020.03.10）。IC之音竹科廣播網站。取自：https://www.ic975.com

3 從人工光合作用到防疫尖兵

為地球築起綠色防線

　　冰山融化、臭氧層破洞、海平面水位上升……，我們的地球正在無聲反抗。

　　近年來，人類製造的化學品、產生的空氣汙染，已嚴重改變大氣結構，尤其是化石燃料燃燒後產生的二氧化碳，造成人為的溫室效應，導致全球暖化、氣候變遷，大自然、生態、健康、經濟、社會……，全都面臨前所未見的嚴峻考驗。

　　為了改變現況，人類必須降低二氧化碳總量，科學家也積極尋找解決方法。

減緩溫室效應

　　一般認為，二氧化碳還原反應是解決溫室效應最可行的方式，不僅可使溫室氣體減量，還能轉換為可利用燃料。

　　目前自然界已知的二氧化碳還原方法，僅有綠色植被的光合作用，但根據台大化學系教授陳浩銘的研究，植物光合作用仰賴太陽光的參與，大幅限制可作用時間，實際

轉換效率約在 5% 以下；再加上，全球經濟發展帶來碳排放量與日俱增，光合作用還原的二氧化碳如同杯水車薪。

是否能夠提升轉換率？可以，但是必須找到合適的催化劑。

早期二氧化碳還原效率最好的催化劑是貴金屬，但成本高昂，等同阻絕了二氧化碳還原的商業可能性。為了解決問題，台大組成跨國研究團隊，發展出化學反應臨場分析技術，透過國輻中心的台灣光源與日本春八的台灣合約光束線，科學家可捕捉太陽能儲電裝置在化學反應時的整個動態過程，也讓研究團隊首度發現新型催化劑——單原子三價鐵。

單原子三價鐵能取代傳統的貴金屬催化劑，使科學家得以在完全人造的情況下，以極低耗能的電解方式，以 10％～ 20％的效率將二氧化碳還原成一氧化碳，大幅降低催化劑成本，高效率回收二氧化碳，延緩全球暖化；甚至，在這些還原出來的一氧化碳中加入氫，又可合成為工業所需的烴類、烯類化學原料，極具商業價值。這項研究成果，於 2019 年 6 月 14 日發表在全球頂尖學術期刊《科學》（Science）。

提升鋰電池效能

鋰離子電池是一種低汙染的綠能產品，藉由鋰離子在正極和負極之間移動，將化學能轉換為電能，而鋰電池的

效能與材料電性、結構息息相關，也是科學家積極尋找的高效率且無汙染的綠色能源，同步光源正是目前研究物質電性與結構的最佳利器。

以台大化學工程系教授吳乃立的研究為例，他便是透過穿透式 X 光顯微術，可以在不拆電池的情況下，清楚觀測電極材料的顯微影像，研究負極錫、鎳、錳或其他材料的顆粒在電池充放電（鋰遷入與遷出）過程中，大小、形狀、分布等內部微結構變化。

不過，電池材料也在推陳出新。台灣科技大學化工系教授黃炳照透過同步輻射臨場光譜技術，觀察電池運作機制，目前他與美國史丹佛大學合作開發鋁離子電池，希望取代較貴、危險性較高的鋰離子電池。

改善空汙現象

「PM2.5 超標」、「PM2.5 紫爆了」，懸浮微粒（particulate matter, PM）這種空氣中懸浮的固態或液態的微小顆粒，藏在廣大善男信女的焚香裡、藏在寂寞靈魂嘴上叼的菸草裡、藏在汽機車排放的廢氣裡、藏在媽媽家常菜的油煙裡……，甚至，不只人類行為會產生 PM2.5，就連自然環境，譬如：沙塵暴、焚風、火山活動等，都有 PM2.5 隱身其中。

不過，你可知道，要改善空氣汙染現象，同步輻射也能盡一份力？

鐵單原子觸媒結構示意

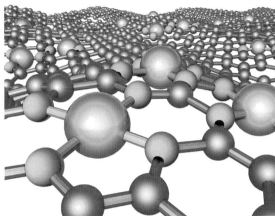

陳浩銘所設計的單原子鐵觸媒，可還原二氧化碳，紓解地球暖化問題。
（圖／陳浩銘提供）

同步輻射研究可分析 PM2.5 的化學成分、來源與反應機制，進而探索 PM2.5 的來由，了解如何控制空氣中的各種汙染物。

舉例來說，中山大學氣膠科學研究中心主任王家蓁便與中國醫藥大學楊禮豪及國輻中心的王俊杰、許瑤真等研究團隊合作，利用掃描穿透式 X 光顯微術，探討不同場域及來源的 PM2.5 氣膠核心電子結構、化學組成分布和粒子形貌。

透過高能量、高強度的同步輻射顯微技術，科學家得以捕捉不同來源的 PM2.5 氣膠分子在戶外與室內等不同環境場域的動態結構改變，取得移動汙染源及逸散性汙染源的重要實驗數據。甚至，對於新冠肺炎防治，也有幫助。

在新冠肺炎疫情爆發之際，中山大學氣膠科學研究中心研究人員借助 PM2.5 氣膠分子研究成果，為全球防疫工作拉起一條封鎖線。

點亮防疫之光

2020 年 6 月，王家蓁與美國加州大學聖地牙哥分校氣膠中心合作，發現導致新冠肺炎的新型冠狀病毒 SARS-CoV-2，能夠以極細微的氣膠懸浮微粒或液滴形式於空氣中傳播，而這份研究發現病毒如何透過生物氣膠形式在空氣中傳播的機制，依此推算出預防的策略建議。[一]

這個議題吸引全球高度關注與重視，世界衛生組織（WHO）和美國疾病管制暨預防中心（CDC）更依此修改防疫建議，將病毒以氣膠形式在空氣中傳播納入，不只提升台灣氣膠科學研究的國際影響力，也讓台灣防疫能見度更上一層樓。

同步輻射臨場分析技術揭開了化學反應的神祕面紗，不只還原二氧化碳，還能撲殺空汙與疾病。這道光，為台灣的科學研究照亮了一條路。

一　中山大學研究「氣膠」傳播新冠病毒（2020.06.01）。華視新聞。取自：https://news.nsysu.edu.tw

4 破解半世紀科學難題

開展光電產業的
日常應用

　　近幾年，配置有機發光二極體（organic light-emitting diode, OLED）的產品，如：手機、電視、智慧手錶等，在我們生活周遭大量出現。相較於傳統液晶技術和發光二極體（LED），OLED 產品具備顏色飽和度高、對比度高、耗電量低，以及柔軟可彎曲等優勢，日益受到製造商青睞。

　　不過，在另一個全新應用領域——近紅外 OLED（波長 700 奈米～ 2,000 奈米），科學家正在突破它的技術瓶頸，未來可能點亮一個嶄新的世界。

光與熱的分界線

　　近紅外光是介於看得見的紅光（波長 600 奈米～ 700 奈米）和看不見的紅外光（波長 2,000 奈米～ 20,000 奈米）中間的光，人類肉眼無法接收近紅外光，因此，近紅外 OLED 技術無法用以製作顯示元件與照明器具等民生消費產品，但它可以應用在車輛防撞感應、紅外線醫療、農作物照明等領域。

　　然而，要真正從研究到應用，必須先克服能隙定律的影響。

　　能隙，是指兩個能階之間的鴻溝，可大可小。有機分子的發光能量在可見光區是電子從高能階跳到低能階而放光，紅外光則是有機分子的振動，也就是熱，不涉及電子躍遷。然而，如此一來，介於可見光和紅外光之間的近紅外光區就變得頗為尷尬——趨近近紅外光區時，本該放光的激子發生耦合，發光能量轉為振動，並以熱能形式消散，因此，有機材料在近紅外區不易放出強光。

　　在這樣的理論限制下，近紅外 OLED 要在 700 奈米至 800 奈米達到高發光效率已屬不易，若要在大於 800 奈米時還能夠放光，更是難上加難。

　　這個問題為難了科學家半世紀之久。一度，他們因為「無力回天」而沮喪，沒想到同步光源為科學家找到解方。

發光效率打破世界紀錄

　　台大新興物質與前瞻元件科技研究中心主任周必泰和清大化學系教授季昀、清大材料系教授林皓武合組的團隊，研發出一種金屬與有機物結合的材料，使用台灣光源進行實驗，利用掠角 X 光繞射技術，解析此金屬錯合物[1]

1　由金屬離子形成的化合物結構複雜稱為錯合物，又稱配位化合物，可用於元素的分離、提純、分析，以及化學工業中的催化反應及電鍍、製革等。

在基材上的排列結構，確認分子的特殊排列可以提升近紅外光發光強度。

激子的耦合振動愈弱，發光效率愈強，就像三個工人（激子）一起用機器鑽孔，鑽孔機所產生的共振由三人平均分攤，每位工人受振動的影響便減弱至三分之一。因此，理論上，工人愈多，效果愈佳。一

這個發現，讓研究團隊找到靈感。他們提出一種新的思考路徑──以特殊材料與合成方式，降低激子振動耦合效應，讓熱能消散降到最低，提升金屬化合物分子在近紅外光區的發光效率，合成出一種特殊的鉑金屬錯合物。

鉑金屬錯合物在光源下可自行呈線性排列，大幅降低激子／振動的耦合力，使激子放光增強，波長延伸到 740 奈米的近紅外光區，不僅光度比以往提升一千倍，造價成本比一般 LED 便宜約三成，更創下 24％發光效率的世界紀錄，將發光效率推進近十倍。二

研究團隊乘勝追擊，藉著鉑與鉑之間的作用力，讓分子有秩序地自行排列，將鉑金屬錯合物的放光波長推進到前所未有的 960 奈米，超越能隙定律的研究成果在 2020 年登上國際光電領域最頂尖的《自然光電》（*Nature Photonics*）期刊。

強化感測辨識功能

隨著近紅外 OLED 技術成熟，應用也逐漸從實驗室走

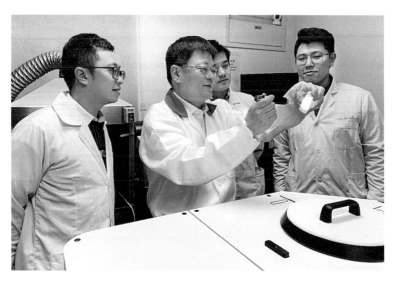

劉如熹（左二）向研究團隊解說高演色性白光LED的發光原理。（圖／劉如熹提供）

入日常生活，舉凡生醫光學影像、紅外線醫療，以及手機紅外辨識、測距與夜視等，全面展開。

以生醫光學影像應用為例，人體組織中的主要物質為血紅素、水、脂質、肌肉等，對不同波長的光各有不同吸收係數，而這些物質較不易吸收近紅外波段的光，因此可利用近紅外光以非侵入方式，深入量測局部組織的物質濃度，分辨生物體中正常與不正常組織的散射與吸收程度差異，藉此重建影像，進行大腦功能檢測與腫瘤偵測。

又或者像是紅外線醫療，由於近紅外光能有效穿透動物皮肉組織，可用於活化動物細胞、加速細胞修復，或是利用生醫奈米粒子將藥物送至腫瘤位置，再用近紅外光照射，激發體內的光敏藥物，殺死腫瘤細胞。

至於手機，目前紅外辨識技術已廣泛使用在手機的生物辨識、影像感測、體感／移動偵測、脈搏血氧偵測等項目，一旦近紅外 OLED 技術趨於成熟，將可提升感測與辨識的精準度，使手機夜拍等功能再進化。

點亮白光 LED 前景

近年來，白光發光二極體（white light-emitting diode, WLED）因具備高亮度、低耗能、高耐用性與環保等特性，被譽為次世代固態照明光源，目前已廣泛應用於全球多種照明系統，大量取代傳統照明設備，並延伸到液晶顯示器背光模組等應用。

然而，白光光譜的均勻性與涵蓋性不夠完整，導致演色性[2]欠佳，依舊需要技術創新以突破窠臼。

螢光粉，是創新的關鍵材料之一。將黃色、綠色與紅色乃至多種顏色的螢光粉塗布在 LED 晶片上，再運用光學原理調和，便可產生白光。

目前市面上的白光 LED，主要是以藍光 LED 晶片激發黃色螢光粉，晶片發出的藍光與螢光粉發射的黃光混合形成白光，但黃色螢光粉發射的紅光成分不足，必須在元件中添加適當的紅色螢光粉，才能製備出低色溫、高演色指數的暖白光 LED，供室內照明使用。

2　演色性係指使用人造光源照射與使用太陽光照射物體的色彩接近程度。

為了找到更好的紅色螢光粉，台大化學系教授劉如熹使用台灣光源的 X 光實驗技術，探討螢光粉的晶體結構與發光效益，在高效率與高演色性的白光 LED 螢光粉開發及應用上，繳出獨步全球的成績單，並發表數百篇 LED 研究論文在知名國際期刊，他本人也成為全世界高引用指標的教授。

在家就能自己做健檢

在卡通《哆啦 A 夢》中，有個神奇的縮小燈可以將物品縮到很小；在科學研究的世界，有個神奇的團隊，將光譜儀微縮成一顆光譜晶片，未來人們不用到醫院或實驗室，自己在家就能做健康檢測，準確度跟醫院的大型機台相去無幾。

物質的光譜特徵就像人的指紋一樣，具有獨特性，因此，利用光波探測物質組成，分析反應後不同的波長變化，即可獲得物質特性、反應濃度變化等數據，成為二十世紀以來的重要研究學科之一。

不過，傳統的光譜儀體積龐大且價格昂貴，全球科學界也因此十分熱中思考，如何將光譜儀縮小並降低成本。台科大自動化及控制研究所教授柯正浩，便是台灣開發光譜晶片的翹楚，歷經近二十年研發，搭配同步光源微影技術，成功將光譜儀從龐然大物微縮成一顆晶片。

柯正浩團隊開發出的光譜感測微形化與晶片化技術，

以同步輻射光刻術製成的光譜感測晶片（左），結合手機，在家就能做健檢。（圖／國輻中心提供）

可用於三百多項檢測，包括：生化與生理指標檢測、LED 與光源檢測、寶石鑑定、顏色標定等，不管是尿液檢測、血液檢測、生醫檢測、水質與食安檢測，每個人都能自己在家輕鬆完成。

　　從破解科學難題到實現居家健檢，透過同步光源，光電產業正在開創更多可能性，為人們生活帶來改變。

一　台大與多校合組跨國研究團隊開發　打破半世紀以來的理論瓶頸。台大網站。取自：
　　https://www.ntu.edu.tw
二　科技部記者會新聞資料（2016.12.20）。台灣之光──「近紅外（NIR）發光材料元件獨步全球」。科技部網站。取自：https://www.most.gov.tw

5　從防彈衣到人工骨材
破解仿生材料的祕密

科學家有追求極限的執著，材料科技卻常存在瓶頸。金屬材料強度高但過重、陶瓷玻璃夠硬但容易脆裂……，此外，還有許多材料製程需要高溫、高壓和有毒溶劑，衝擊環境。

過去十多年來，隨著科技發展，科學家也進化了。他們發現，原來，自然就是完美，師法自然就能解決問題。

蜘蛛絲、荷葉、壁虎腳、蝴蝶翅膀、海綿骨針、鮑魚殼、螃蟹殼、烏賊骨板、巨嘴鳥喙、羽毛……，科學家積極思考，如何模仿自然結構，透過多階層結構設計達到強度、韌性、輕量化兼具，製作出更輕量、更強韌、多功能且高效率的材料。

這門科學，就是仿生（biomimicry）材料研究。

師法自然，從觀察到模擬

科學家藉由觀察、模擬自然界中各種生物與生俱來的獨特結構、功能或系統構造等，提供有別於傳統材料的設

計途徑和系統架構的科學，「重現」人們在大自然界看到的「有趣」結構，保持它的特性並加以應用。

意想不到的是，這種智慧，古人已經擁有。

在十八世紀中葉的大英帝國，鯊魚皮相當於砂紙一般的存在，木工和家具製造商拿鯊魚皮來打磨、拋光木材表面；在日本，武士刀的刀柄上會包覆鯊魚皮，讓刀柄適合握拿且不易從手中滑落。

到了現代，科學家以顯微鏡觀察鯊魚皮，發現表面有一層盾鱗結構，上面往往有三或五個脊凸，沿著魚體連續排列，很像一道溝槽，配合鯊魚在游動時肌肉收縮，表面會產生一層水膜，可降低水中阻力、增加游動速度。

如今，科學家將它稱為「微溝槽」，並模仿鯊魚皮的脊狀紋樣，應用在風力渦輪機的葉片上以減少阻力、提升效率，或是用在泳衣設計以提高游泳速度，甚至用在改良導管等醫療器材，減少細菌感染。

另外，鮑魚殼、粉筆的主要成分都是碳酸鈣，但是粉筆容易脆裂，鮑魚殼卻相當堅韌，差別在哪裡？好奇心旺盛的科學家便開始研究，如何做出兼具強度與韌性的複合材料。

近幾年，台灣仿生材料研究成果頗為可觀。譬如，台北醫學大學奈米醫學工程研究所所長楊正昌，帶領北醫大、台科大與台大共同組成跨領域研發團隊，進行智慧仿生材料設計，拓展生醫材料和轉譯醫學應用。

　　仿生材料研究的成果，可應用在許多不同產品或產業，例如：人造蜘蛛絲蛋白質的仿生技術，可應用於生物相容止血棉、手術縫合線、迴轉肌補綴片、人工血管與人工韌帶等醫材，以及生產特殊功能性的衣料纖維，還可藉由基因工程改良，產出兼具質輕、韌性強的車體或是航空器機身。二

破解自然界的蛛絲馬跡

　　在《蜘蛛人》系列電影中，蜘蛛人靠著強韌的蜘蛛絲，不僅可以飛簷走壁，還能當成武器來攻擊敵人、拯救世界；現實世界中，蜘蛛靠著蜘蛛絲捕捉獵物、保護自己……，每一根蜘蛛絲都蘊藏著大千世界的無窮奧妙，一直是科學家相當著迷且亟欲破解的自然界奧祕，可說是相當熱門且歷史最悠久的仿生材料研究主題。

　　蜘蛛絲擁有極高的強度、延展性及韌性，且重量極輕——如果拿蜘蛛絲環繞地球一圈，所需要用到的蛛絲，總重量還不到 500 公克；最重要的是，對科學家來說，蜘蛛絲是純蛋白質，擁有極高的生物相容性，不易產生人體免疫反應，十分適合開發更加多元的應用，包括：軍事科學、醫療生技、紡織、工業等，是極具發展潛力的智慧生物材料。三

　　事實上，早在十幾年前，工研院生醫工程中心（生醫與醫材研究所前身）便研擬將蛛絲基礎科學研究計畫列為

前瞻科技計畫之一，由工研院研究員楊正昌、東海大學生命科學系教授卓逸民與國輻中心研究員許火順等人合作，以同步輻射 X 光繞射實驗進行台灣人面蜘蛛絲研究，獲得三大發現：

第一，蛛絲耐熱性高，加熱到攝氏 200 度至 300 度時，蛛絲的奈米晶體才會崩解。

第二，蛛絲的粗細大約是頭髮的十分之一，強韌度卻是同重鋼絲的五倍，彈性是尼龍的三倍。

蜘蛛絲從解密到應用

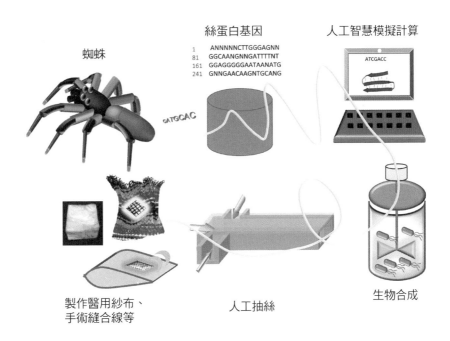

利用基因工程，可大量生產人造蜘蛛絲蛋白，提供各類應用所需。（圖／楊正昌提供）

第三，蛛絲輻射狀的主要骨架稱為拖曳線，拖曳線的絲碰到水，長度會收縮為原本的一半，但更有彈性，能像橡皮筋般拉扯，超越多數人造纖維所能達到的程度。

關鍵，在於蛛絲上的蛋白奈米晶體。

一根蛛絲上同時擁有兩種蛋白奈米晶體，一種是排列整齊的結晶，另一種是不規則的混亂結晶，堅硬的晶體與柔軟的蛋白質體結合形成複合材料，強化了蛛絲的硬度與韌性，甚至使得蛛絲可以吸收巨大衝擊能量，僅需要極微量便能達到防彈效果，讓防彈衣可以做成如 T 恤般輕便，比現行防彈衣材料克維拉（Kevlar）纖維還要輕。[四]

不過，蜘蛛是肉食動物，無法大量飼養，天然蜘蛛絲受限於產量和製程等因素，產品開發與實際生產仍有不少瓶頸，於是，科學家將蜘蛛絲蛋白基因殖入山羊乳腺細胞、倉鼠、大豆、大腸桿菌或酵母菌的基因，以基因工程方式生產大量蜘蛛絲蛋白，希望開發出比擬天然蛛絲特性的仿生蜘蛛絲。

以台大生科系教授吳亘承為例，他以天然蜘蛛絲纖維做為生醫工程材料，在蛛絲表面重新組裝蛋白質、酵素、抗體等物質，賦予蜘蛛絲纖維嶄新的生物化學功能，應用在動物癌症細胞株純化與分離，並成功將蜘蛛絲蛋白基因殖入大腸桿菌，大量生產蜘蛛絲蛋白，做為各類應用的仿生材料。

高強度纖維已廣泛應用在我們的日常生活，除了碳纖

維，芳香族聚醯胺類纖維更因性能優異與形式多樣，成為目前應用最廣、產量最大的纖維，在國防、航太、汽車、能源材料等領域具有不可取代的地位。

譬如，國輻中心研究員莊偉綜、周哲民與遠東新世紀公司合作，開發出新型聚醯胺類纖維材料，具有高強度、質輕、耐高溫且耐化學侵蝕等特質，可以應用在輕航器、大型機具吊掛繩索、海底電纜等項目。

改善製程，縮短產品開發時間

不過，高強度纖維的製程十分複雜，必須歷經多道加工程序，但過去是以瞎子摸象的方式不斷測試，無法掌握製程優化條件，直到科學家以微型紡絲機結合同步輻射臨場技術，才解決了改善工程耗時、費工的問題。

國輻中心為紡織業客製的微型紡絲機，透過台灣光子源高亮度 X 光，即時收錄整個製程的動態變化，藉以釐清每段製程對纖維物理特性的影響，找出製程中的關鍵問題，大幅縮短產品開發時程，更強化製程穩定性。

目前這項新型材料的強度比鋼鐵高五倍，密度僅為鋼鐵的五分之一，未來可望取代又重又貴的金屬材料，應用在防彈衣、輪胎、車體、海底電纜繩等領域，成為民生與戰備產業的潛力新星。

少子化與高齡化的趨勢難以逆轉，人口呈現負成長。依據國家發展委員會 2020 年公布的人口推估報告，預計

台灣將在 2025 年進入超高齡社會，每五人有一位是六十五歲以上老人；到了 2034 年，全國更將有一半以上都是超過五十歲的中高齡人口。

面對這種情況，可以預見的趨勢之一，是老年人身體功能退化的問題日益普遍，對人工骨骼的需求愈來愈高。

目前人工骨骼使用的材料主流為鈦合金，但儘管它性能優異，其中所含的鋁與釩卻可能對人體產生不良影響；甚至，人骨的彈性用楊氏係數[1]為 25GPa 至 35GPa，鈦合金楊氏係數則高達 100GPa，植入後會因彈性不同，造成骨細胞異常增長。因此，找到更適合人體的新合金來做人工骨骼，成為當前醫療界的重要議題。

人工骨材新解方

由台大、雪梨科技大學、香港大學、國輻中心、中鋼共同組成的研究團隊，在台大材料系教授顏鴻威帶領下，便以類神經網絡法建立機器學習技巧，也就是用人工智慧尋找新合金的配方。

經過將近兩年的實驗驗證，研究團隊發現，人工智慧預測新合金配方的成功率將近七成，並與中鋼合作發展出

1　彈性材料承受正向應力時會產生正向應變，在形變量沒有超過一定彈性限度時，正向應力與正向應變的比值，數值愈高，代表受力產生的形變較小，材料強度較高。楊氏係數的單位為帕斯卡（Pa），但常以百萬帕斯卡（MPa）或10億帕斯卡（GPa）呈現。

新型鈦合金（Ti-12），其抗拉強度接近 900MPa，相當於先進超高強度鋼等級（超過 780MPa）。

　　透過同步輻射的高解析度實驗分析，可以清楚發現，Ti-12 與人體骨骼的楊氏係數相近，生物相容性更優異；實驗也證實，Ti-12 的楊氏係數僅有 43GPa，與鎂合金相當，接近天然骨骼，大幅改善了長期以來金屬骨材植入後，因為人工骨骼太強而造成原有骨頭萎縮的後遺症。

　　更難得的是，Ti-12 具備輕量化的優勢，相當適合用來開發人工髖骨替代材，成為物美價廉的新選擇。

一　簡秀紋、蔡文沛（2020.12）。〈由海中霸主啟發的仿生技術〉。《科學發展》第576期。取自：https://ejournal.stpi.narl.org.tw

二　黃煒盛（2015.10）。〈纖維革命——人造蜘蛛絲〉。科技大觀園。取自：https://scitechvista.nat.gov.tw

三　許火順等（2002.12）。《同步輻射研究中心簡訊》第52期。新竹：國家同步輻射研究中心。

四　楊傑明（2019.12）。〈純屬虛構？一窺生活中的蜘蛛科技〉。《環球生技月刊》第67期。

6 從恐龍演化到工藝之謎
探索文明奧祕的魔法

同步輻射總是給人很強烈的未來感，其實它不僅可以照亮科技創新之路，也能穿越時間長廊，回溯古老歲月。

透過同步輻射，人們可以從歷史拼湊出地球發展的樣貌與文明演進的過程，如同魔法燈一般，協助解開珍貴古物的奧祕，用更多元的視角探索未來。

製琴家族的不傳之祕

開啟時光的魔法，回到五百年前，前往十六世紀小提琴工藝的源起之地——義大利北部的小鎮克理蒙納（Cremona）。

鎮上，有三大著名的製琴家族——阿瑪第（Amati）、史特拉底瓦里（Stradivari）、瓜奈里（Guarneri），他們所製作的琴是世界上公認最好的小提琴，在過去兩個世紀裡吸引無數知名小提琴演奏家競相折腰。

幾百年來，無數製琴高手持續模仿大師之作，卻始終無法仿製出這些名琴的音色。

是什麼原因，讓這些名琴與一般製琴師的提琴音色如此不同，即使科學工藝進步，所製之琴仍相形失色？

是木材？是塗漆？或者有其他原因？

對於製琴家族不傳之祕的好奇，延續了一、兩百年，直到台大化學系教授戴桓青與名琴收藏甚豐的奇美博物館合作，終於揭開古老琴音的神祕面紗。

藏在木材裡的優雅樂音

戴桓青與研究團隊研究了十多把名琴，藉由元素分析發現，這些名琴的材質，不管使用雲杉或楓木，都注入了含有鈉、鉀和鈣離子的礦物質，還有當時煉金術經常使用的明礬、硼砂、硫酸鋅和硫酸銅。

古琴中會出現這些化學物質，可能與當時木材工人為防止真菌和蟲害的工序有關，如今則是因為這些化學處理過程，減緩了古琴自然老化的現象，使纖維素的結晶性保持得相當完整，不同於其他地區或國家的古董提琴。

此外，戴桓青團隊透過固態核磁共振發現，這些名琴具有一個共同特徵，就是出現半纖維素的降解。

木材纖維可概分為三種成分：纖維素、半纖維素與木質素，會從空氣中吸收水氣以達到某種平衡，其中半纖維素是吸水力最強的纖維，但它會隨老化自然降解，經過三個世紀便降解約三分之一，導致古琴吸收的濕氣減少約四分之一。水分會增加琴身振動時的內部阻力，因此，含水

台灣化學系教授戴桓青破解
三百年來史特拉底瓦里小提琴
美聲的祕密。（圖／戴桓青提
供）

量較少的木材因相對摩擦力較小，琴音較為明亮。

　　至於纖維素與木質素，研究結果發現，音樂家長期演
奏所產生的高頻振動，可能造成兩者異常分離，也是可能
改變木材性質與古琴音色的原因。

　　目前的分析證據，還不足以掌握當時礦物質處理的原
始配方和條件，也難以判斷礦物質如何影響小提琴的聲學
振動，但可以確定的是，透過同步輻射研究，戴桓青發
現，木材本身並非小提琴聲音特徵的唯一關鍵，而是礦物

質、老化分解與長期振動三者加總起來的綜合效應，構成這些名琴展現出色樂音的要件。

這項解開古琴音色魅力世紀之謎的研究成果，於 2016 年 12 月 19 日刊登在國際著名的《美國國家科學院院刊》（PNAS），並得到《泰晤士報》與《紐約時報》等國際知名媒體的關注與報導。

恐龍胚胎裡的謎題

《侏羅紀公園》系列電影掀起大家對恐龍的好奇，但其實科學家早就在研究遠古時代的各種生物。以恐龍為例，平均每星期會發現一種新種恐龍，每年大約會發現五十種新種恐龍。而在探討物種起源及鑑定遠古生物領域，同步輻射分析技術也展現了它的獨特價值。

例如，南非威特沃特斯蘭德大學（ University of the Witwatersrand）領導的國際科學家團隊，針對一些世界上最古老的恐龍蛋胚胎頭骨，進行 3D 複製重建，發現牠們的頭骨生長順序與當今的鱷魚、雞、烏龜和蜥蜴相同，研究成果發表在《科學報導》（Scientific Reports）上。

在台灣，由加拿大多倫多大學教授賴茲（Robert Reisz）與台灣學者組成國際團隊，花費兩年時間，運用超高解析二維紅外光譜顯微術，在活躍於一億九千五百萬年前的雲南祿豐龍胚胎股骨化石中，發現殘留有機物，找到古化石內保存複雜有機物的最古老紀錄。這個破天荒的發現在

2013 年登上了《自然》雜誌封面。

此外，在祿豐龍肋骨化石的微血管通道中，國輻中心研究員李耀昌也發現全球最古老且保存完整的膠原蛋白與赤鐵礦微粒聚晶。

「即使經過億萬年時空轉換，恐龍的軟組織經血液中鐵的氧化及碳酸鈣化包覆作用後，還是有機會被保存下來，」李耀昌表示，這將有助科學家進一步了解恐龍的生理機能與遺傳密碼。二

李耀昌團隊將成果發表於《自然通訊》期刊，並獲選為《發現》（*Discover*）雜誌「2017 年全球百大發現」第十二名，是近年來台灣學者主導的研究成果首度登上《發現》雜誌全球百大發現。

發現牙齒裡的避震器

恐龍胚胎裡有膠原蛋白，恐龍的嘴巴裡則是自帶「避震器」。

國輻中心團隊與台灣博物館、台灣石尚博物館、中國大陸北京自然博物館、加拿大安大略皇家博物館，以及中國大陸地質科學院地質研究所合作，蒐集十五種肉食性與植食性恐龍牙齒，利用同步輻射穿透式 X 光顯微術與現代的眼鏡凱門鱷牙齒進行研究比對，首度發現肉食恐龍牙齒具有避震結構。

在肉食性恐龍牙齒的琺瑯質與象牙質中間，存在一層

恐龍牙齒應力分布示意

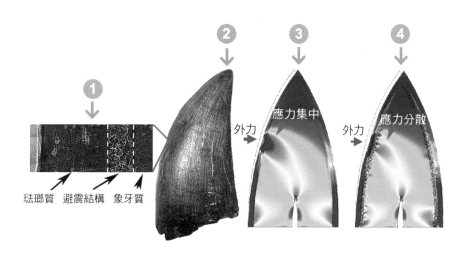

透過同步輻射X光顯微鏡發現暴龍牙齒藏有「避震器」，保護牙齒不致斷裂。1：X光下的暴龍牙齒構造。2：暴龍牙齒外觀。 3：無避震結構的牙齒內部應力分布。4：有避震結構的牙齒內部應力分布。（圖／王俊杰提供）

相對柔軟且布滿微細孔洞的被覆牙本質層，可以保護牙齒，避免因撕裂骨肉造成牙齒瞬間斷裂。這項研究結果修正了過去對於原始爬蟲類牙齒結構的認知，因此登上國際知名期刊《科學報導》與各大媒體。為了蒐集恐龍牙齒進行研究比對，國輻中心研究員王俊杰透露了一段小故事。

「當時我到桃園興仁花園夜市拜訪鱷魚攤，沒想到使用斜口鉗幫鱷魚拔牙時，斜口鉗當場應聲斷裂，只好再買一把硬度更高的老虎鉗，費了好大一番功夫才順利拔下鱷魚牙齒。」

　　牙齒的特殊結構，使得肉食恐龍成為頂尖獵食者，稱霸地表一億六千五百萬年。相較於人類咬合力約為 40 公斤、眼鏡凱門鱷咬合力約 1,000 公斤，以及咬合力可達 2,000 公斤、目前世上咬合力最大的動物——灣鱷，「暴龍的咬合力約 6,000 公斤，且拖行的獵物體重可能超過 1 公噸，但靠著微小的避震結構設計，便不致因巨大應力而造成牙齒斷裂，」王俊杰說。

　　遠古生物的活動型態一直是科學家亟欲解開的謎題，透過同步光源高解析度檢測技術，可以幫助我們了解古生物化石組織結構的細微差異，提供了一種嶄新的古生物分類與古生態研究檢測方法，而藉由恐龍胚胎化石中探測到的有機質殘留物，未來將可逐步解開更多遠古生物的奧祕。三

古鳥類躲過大滅絕的祕密

　　與恐龍相關的另一個話題——鳥類是否由恐龍演化而來？多年來一直是科學家關注的項目。隨著更多半龍半鳥化石出土，愈來愈多人相信，鳥類就是恐龍演化的後代，但為何牠們可以躲過六千五百萬年前的大滅絕？

　　祕密，還是藏在牙齒裡。

　　隕石撞擊地球，火山爆發頻繁，大量灰塵進入大氣層，陽光受到遮蔽，植物無法進行光合作用，食物鏈崩潰，非鳥類恐龍、滄龍科、蛇頸龍目、翼龍目、菊石亞

綱，以及多種植物，地球上 75％的物種從此滅絕。倖免於
難的，是哺乳動物與鳥類，並演化成為新生代的優勢動物。

王俊杰費時三年，以同步輻射穿透式 X 光顯微術解析
古鳥類，以及與牠們親緣關係最接近的小型獸腳類恐龍等
九種動物牙齒的特徵，發現古鳥類因食性轉換，恰巧躲過
生物大滅絕事件。

廣泛出現在獸腳類恐龍牙齒的琺瑯質與象牙質間的特
殊多孔被覆牙本質層結構，在古鳥類牙齒中完全退化消

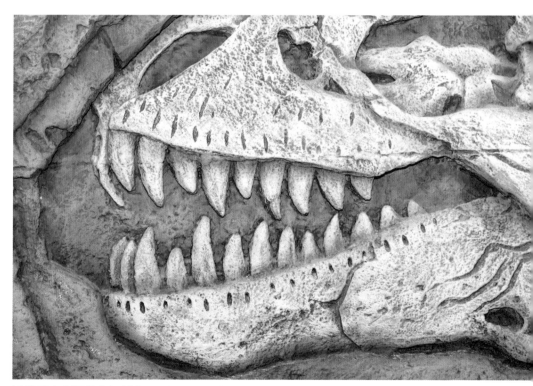

透過同步光源的高解析力，可檢測恐龍化石中的有機殘留物，解開遠古生物的奧祕。
（圖／Shutterstock）

失。這層消失的結構，證明古鳥類的食性發生重大轉變，大幅提升牠們的生存適應力。

王俊杰解釋，地球遭隕石撞擊，導致食物匱乏，僅剩種子、昆蟲能做為食物，而古鳥類因牙齒退化，失去原有的避震保護結構，不夠堅固的牙齒構造讓牠們無法狩獵跟撕裂骨肉，只能吃不需要很大咬合力的小蟲子、腐肉等，從肉食變得不挑食，反倒因此得以在大滅絕中倖存並演化至今。[四]

不過，要做成這項研究並不容易。

古鳥類牙齒相當稀少且細小，有些甚至僅一顆沙子大小，樣品製備與取像解析度的難度相當高，但是藉由同步輻射穿透式 X 光顯微術，可檢測樣品內部結構、掃描建立 3D 立體影像，且影像解析度比 X 光斷層掃描高出兩千倍以上，儼然成為古生物研究的最佳利器之一，研究成果也登上國際期刊《BMC 演化生物學》（*BMC Evolutionary Biology*）。[五]

揭開博物館館藏之謎

博物館彙集了人類文明的精華，館藏的鑑定與修復等研究工作，同步輻射分析技術也派得上用場。

放眼世界，博物館與同步輻射的合作相當多，例如：大英博物館的考古學家利用英國鑽石光源（Diamond Light Source, DLS）研究古埃及青銅雕像，揭開製造工藝之謎；

澳洲維多利亞國家美術館與澳洲同步輻射（Australian Synchrotron）合作，揭開法國印象派大師竇加藏在《仕女圖》畫作下一百四十年之久的女子。

台灣的國輻中心也有許多合作案例，例如：與國立台灣博物館合作，以 X 光斷層掃描技術協助建立矽藻與有孔蟲等超微化石的 3D 數位典藏等項目；2021 年 1 月，國輻中心與自然科學博物館簽署合作備忘錄，透過國輻中心提供頂尖光源與研究設施，串連科博館長年深耕的動植物標本、地質礦物、古文物與古生物化石等豐富館藏，攜手推動生態、考古、地質與古生物相關研究。

發掘老祖宗的智慧

此外，國輻中心也與故宮博物院建立長期合作關係，其中扮演重要橋梁的，就是身具同步輻射分析技術專長的故宮文物科學研究檢測實驗室主持人陳東和。

走進故宮文物科學研究檢測實驗室，一字排開的 X 光電腦斷層掃描儀、光致發光光譜儀、顯微拉曼光譜儀，就是陳東和為故宮打造的高科技鑑定儀器，分別可以分析文物分子結構、螢光光譜、化學組成等，替故宮國寶「驗身」，舉凡肉形石、碧玉屏風到清初《龍藏經》，全都難逃這些科技儀器的「法眼」。^六

甚至，陳東和還有更厲害的法寶。他利用同步輻射 X 光吸收光譜，分析宋代汝窯、官窯、鈞窯、耀洲窯、張公

巷窯，以及高麗青瓷等釉中所含鐵離子的氧化態與電子結構。以青瓷釉為例，它的顏色與其中的鐵含量和氧化態緊密相關，透過這項分析結果可進一步探究青瓷釉色細微變化的成因，以及釉的配方與燒造工藝。

同步輻射，它就像一種魔法，可以在不破壞古文物的前提下，探測肉眼看不到的文物內部，探索文物身世的同時，也還原了老祖宗的智慧。

一 台大戴桓青助理教授研究團隊發現義大利名琴的祕密榮登《PNAS》（2017.01.25）。台灣大學網站。取自：https://www.ntu.edu.tw

二 國輻中心恐龍研究，登上全球百大發現第12名！（2018.03.15）。國家同步輻射研究中心網站。取自：https://www.nsrrc.org.tw

三 什麼！！恐龍的牙齒居然有裝避震器？！同步加速器光源，再探侏儸紀奧祕（2015.11.05）。國家同步輻射研究中心網站。取自：https://www.nsrrc.org.tw

四 邱立雅（2020.05.07）。古鳥類逃過滅亡命運，關鍵祕密在牙齒。中時新聞網。取自：https://www.chinatimes.com

五 鳥類如何躲過大滅絕？國輻中心發現藏在牙齒中的祕密！（2020.05.07）。國家同步輻射研究中心網站。取自：https://www.nsrrc.org.tw

六 故宮鑑定團為肉形石平反（2015.03.18）。僑務電子報。取自：https://www.ocacnews.net

7 粒子加速器化身手術刀
癌症治療的神兵利器

　　從前，人類想要了解世界萬物的本質，只能靠手腳、眼睛、耳朵 ……，能夠觸及的範圍有限；後來，人們想要研究更小層次的物質結構和運動規律，需要更高的能量，科學家開始借助外力，打造各種高能量加速器。

　　加速器在科技和民生領域，有許多十分重要的應用，從映像管電視到大型強子對撞機均涵蓋在內，近來又因質子治療、重粒子治療等癌症精準醫療，備受業界矚目。

　　以質子刀為例，「同步加速器主要使用的是電子，質子刀則是使用質子，質子的質量是電子的 1,840 倍，而愈輕的東西愈難掌控，」國輻中心研究員黃清鄉說明。因此，在這個領域，如何打造效能更高的加速器，國輻中心的研發與創新成果便有高度參考價值。

標靶治療利器

　　癌症長年高居台灣十大死因之首，甚至，由於生活環境與生活型態充滿太多不健康因子，導致「癌症時鐘」快

轉，每四分三十一秒就有一人確診罹癌。

根據衛生福利部國民健康署於 2020 年年底公布的最新癌症登記報告，2018 年台灣新發癌症人數為 11 萬 6,131 人，較 2017 年增加 4,447 人。為了對抗癌症，科學界及醫學界不斷研發新的治療方式，包括：手術、放射治療、化學治療等，而發展超過一個世紀的放射線醫療方式，也隨著科技發展，臨床應用愈來愈廣，效果也愈來愈好。

目前，放射治療設備中，早期使用的鈷 60 治療機早已遭到淘汰，高科技直線加速器設備日益普及，設備廠商可依據臨床放射治療的不同需求，設計出不同特色的放射治療機器，配合其他相關輔助系統，提供患者最好的治療效果。

治療效果雖好，但高能量的輻射也確實會對人體造成傷害，因此，科學家開始研究，如何鎖定患部給予足夠的輻射劑量，能夠破壞癌組織且降低對其他人體組織的傷害。

近年來快速興起的標靶治療，就是強調能以細胞生物學的研究做判斷，僅作用在癌細胞，減少藥物副作用。其中，直線加速器扮演非常關鍵的角色。

如同保齡球擊倒球瓶，加速器提供的高能量 X 光射線，一旦擊中代表癌細胞的球瓶，造成一定程度的傷害，可能讓癌細胞無法存活，使病患重獲健康。

開啟腫瘤治療新頁

過去，外科醫生拿的是手術刀；現在，外科醫生拿的

是「神刀」。光子刀、伽瑪刀、諾利刀、電腦刀、螺旋刀、銳速刀……，是近年來醫界討論熱絡的項目。依據精準詳盡的治療計畫，這把應用在放射治療的「刀」，可以多方向、多角度集中輻射劑量，直接瞄準癌細胞，揮刀斷癌。

不過，這類光子束終究只是 X 射線，面對頑強的惡性組織，有時基於人體承受能力，無法全面施展，難以完全控制癌細胞增生。

如果像小說裡的古代暗器，刀入人體，再在體內炸開，會不會殺傷力更強？幸運地，答案是肯定的。透過儀器精準定位，便可以鎖定腫瘤所在座標再精準引爆。

一個突發奇想，開啟腫瘤治療新頁。二十一世紀以

質子刀與傳統放療對照

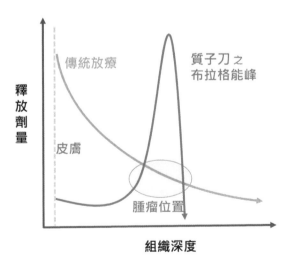

質子刀利用布拉格能峰的特性，將所有能量集中到腫瘤位置，降低對正常細胞的傷害。（圖／國輻中心提供）

來，粒子治療設備日益成熟，先進國家醫療機構紛紛引進，用於臨床癌症醫療，接受粒子治療的病患也快速增加，其中最常見的就是質子刀及重粒子刀。

揮刀斷癌，例無虛發

所謂的質子，就是使用氫原子核，因為一般原子核係由質子和中子組成，但氫原子的原子核沒有中子，只有一個質子；至於重粒子，目前運用較多的是碳原子核。臨床治療時，先透過迴旋加速器或同步迴旋加速器將粒子加速到接近光速，並精準控制粒子能量，再以導引裝置將射束導引至治療室，然後準確投射到患部。

以往的癌症治療，無論是化療或放療，很像《倚天屠龍記》裡崆峒派的七傷拳──傷人七分，自損三分。然而，利用加速質子治療癌症，便可提升精度並減少副作用。

解題的關鍵，是布拉格能峰（Bragg Peak）。

1903 年時，英國物理學家布拉格（Willian Henry Bragg）發現，高能帶電粒子束在射程末端才會釋出大部分能量，因此，若把腫瘤位置設定為最終標的，質子進入人體時，只會釋放少許能量，等到抵達定位的腫瘤處，才釋出全部的能量。換言之，腫瘤後面的正常組織幾乎完全不受影響，質子刀成為許多放射腫瘤科醫師夢寐以求的治癌武器。

質子刀已經如此神奇，還有比它更厲害的武器嗎？近年來科學家積極投入研發的重粒子刀，就是讓癌症治療更

上層樓的「神器」。

　　碳原子核的質量約為質子的十二倍，內含六個質子和六個中子，所帶電荷是質子的六倍，因此，重粒子射束可以更有效投射輻射劑量到患部，降低對周邊正常組織的傷害，有機會大幅提升醫療效果，儼然就是放射腫瘤學家尋覓已久的屠龍寶刀。

　　重粒子射線具有更優異的布拉格能峰特性，直到粒子束前進至某個特定深度才大量釋放能量，摧毀癌細胞，且降低對正常細胞的傷害，尤其適用在深部、局部、巨大、輻射抗性強或重要器官旁的腫瘤。

　　累積超過三十年的加速器相關技術與磁鐵、真空及控制系統等子系統設計與建造經驗，國輻中心吸引不少醫療機構與新創公司爭取合作，希望能協同設計醫療用質子或重離子加速器、培訓加速器相關技術人才。

　　事實上，國輻中心已與台灣某大醫學中心簽署產業應用合作案，加速器團隊人員將分批參與醫學中心重離子加速器的安裝與試車工作，攜手打造更優質、普及的癌症治療設備，也將加速器領域的研發成果擴展到生醫應用版圖。

一　邱仲峯、蕭安成。〈什麼是質子刀？什麼是重粒子刀？〉。《癌症新探》53 期。

8 從加速器到醫療應用

精密磁鐵技術
打造科學聚光燈

　　從兒時文具、玩具或家電用品，到磁浮列車、磁振造影（Magnetic Resonance Imaging, MRI）設備、軍事上的未來武器（如：電磁砲）……，磁鐵出現在人們的日常生活周遭，也應用在許多高科技領域，範圍之廣泛、角色之重要，遠超乎人們想像。

　　對同步加速器來說，磁鐵也是它能夠運轉的關鍵之一。

　　為了產生更強、更亮的同步輻射，藉以探索比紅外光、紫外光與軟 X 光更高能量的光譜，如：硬 X 光，科學家發明了插件磁鐵，其中最為常見的是增頻磁鐵與聚頻磁鐵，將這些插件磁鐵以週期性磁鐵陣列的方式安裝，電子束就會因磁場變化而產生多次偏轉，能夠加大磁場強度、提升同步光源能量，或是縮短磁場交替的空間週期，在特定光譜產生干涉，大幅提升光亮度。

　　其中，因應不同需求，涉及多種重要磁鐵技術，包括：二極磁鐵、四極磁鐵、六極磁鐵、傳統插件磁鐵、低溫超導磁鐵、高溫超導磁鐵、脈衝磁鐵等相關技術。而有賴於

國輻中心憑藉早年技術自主的堅持，培養出優異的精密磁鐵技術，躋身世界頂級之流。
（圖／國輻中心提供）

早年堅持自主興建，且不僅自行設計精密磁鐵，也輔導多
家台灣廠商參與建造，成功培養出「加速器磁鐵國家隊」，
甚至躋身國際頂尖磁鐵設計團隊，獲得國外加速器光源設
施訂單。[二]

　　目前，國輻中心已有幾套自製的精密磁鐵在台灣光源
及台灣光子源實際安裝運轉，包括：橢圓極化聚頻磁鐵、
三套 3.2 特斯拉（tesla,T）超導增頻磁鐵等。[三]

對外輸出精密磁鐵技術

　　《孟子》說：「窮則獨善其身，達則兼善天下。」從
2000 年開始，國輻中心的精密磁鐵技術便已名揚世界；也
是從這時開始，國輻中心積極向海外輸出相關技術，包括：
美國、德國、泰國等，都有成功合作案例。

　　2000 年，國輻中心參加國際同步輻射研討會，發表插
件磁鐵（含 U10 聚頻磁鐵）研發成果，引起德國卡爾斯魯

爾研究中心（Forschungszentrum Karlsruhe）固態物理研究所的高度興趣，與國輻中心簽訂 U10 聚頻磁鐵的商借與學術研究合作合約，並在 2004 年將 U10 聚頻磁鐵安裝在德國 ANKA 儲存環，開始運用高品質光源進行凝態物理研究——為了感謝國輻中心的協助，他們還在 U10 聚頻磁鐵上貼了中華民國國旗。

2009 年，美國核子醫學研究與醫療重要機構印第安納大學與國輻中心合作，由國輻中心建造兩座具有二極場與四極場的阻尼插件磁鐵，於 2011 年安裝在印第安納大學的迴旋加速器設施。

2011 年，國輻中心與泰國同步加速器光源簽約，由國輻中心出借一座超導移頻磁鐵給泰國光源，供做研究之用；由於光源品質優異，2016 年又進一步簽訂合約，由國輻中心建造一座超導增頻磁鐵，於 2018 年安裝在泰國光源。

這些合作，證明國輻中心不僅已建立自主的精密磁鐵技術，也具有輸出海外、協助國際同步光源社群的實力。

協助升級磁振造影設備

磁鐵技術不僅是科學研究與實驗的重要工具，在醫學界也發揮極大影響力，例如：磁振造影，就是臨床治療的重要利器，而同步加速器中使用的增頻磁鐵、聚頻磁鐵、高溫超導線圈等，都對研發新一代磁振造影設備有極高參考作用。

國輻中心研發精密插件磁鐵，外銷全球加速器光源中心。（圖／國輻中心提供）

　　相較於電腦斷層，以核磁共振技術為基礎的磁振造影，操作過程中並未使用輻射線，且多數檢查不用注入顯影劑，對人體的潛在副作用較少，甚至有「人類有史以來最清楚且安全的醫學影像」之稱。

　　磁振造影藉由無線電波（RF）激發體內水與脂肪中的氫原子核的自旋共振，產生不同強度的電磁波，透過精密儀器，可以分析原子核周圍環境的微小差別，建構人體器官組織的 3D 圖像，對於腫瘤、血管、軟組織、骨骼、肌肉、韌帶的分辨率極佳，可以獲得腦部、心臟、血管、腹部等的良好成像，幫助醫師精確判讀病人身體狀況，提供

受惠於早年堅持技術自主，國輻中心已有幾套自製的精密磁鐵在台灣光源及台灣光子源實際安裝運轉。（圖／國輻中心提供）

更有效的醫療診斷與治療，有助於早期發現腫瘤。[四]

　　甚至，若是在磁振造影設備導入超導磁鐵技術，還可提高磁場強度到 1.5 特斯拉至 3 特斯拉，是傳統設備的五倍至十倍，且成像更清晰、穩定度更高，整體儀器設備也更輕，日益受到醫療機構與研究單位的青睞。

找尋《阿凡達》的超導材料

　　2009 年上映的美國史詩式科幻電影《阿凡達》，人類因開採超導礦石而發動戰爭，意圖攻占潘朵拉星球原住民納美人賴以生存的土地……，電影中可見一座座懸浮在雲端的山，就是因為山中蘊藏一種神奇的室溫超導礦石，能夠產生強大磁場，懸托起哈利路亞山。

　　在現實社會中，科學家也積極研發超導磁鐵。

　　相較於傳統電磁鐵，超導磁鐵是由超導金屬線圈纏繞，由於超導材料具有零電阻和反磁性等特質，可在零能量損耗下傳輸電流，不致再出現金屬線圈因過熱而燒毀的狀況，且產生的磁場比一般電磁鐵更大。

　　超導材料好處多多，問題是材料必須在非常低溫下才會超導，需要藉由液態氦冷卻，導致成本偏高。因此，目前國際間正積極開發毋須使用液態氦冷卻的高溫超導磁鐵。

　　國輻中心在超導磁鐵技術研發已有不錯的成績。2019年，國輻中心與中研院合作製造核磁共振永久磁鐵，整合中研院的 RF 系統，未來將做為研究用磁振造影儀器。

　　可以期待的是，隨著精密磁鐵技術日漸成熟，超導技術不斷升級，產生更高的磁場，進而產生更好的光源，得以藉此再發現新的材料或突破各種物理學瓶頸，之後這些發現與研究成果又能促進下一世代的超導技術升級，形成正向循環，讓加速器、醫療及其他產業應用都能同步受惠。

一 陳家益（2019.08）。〈點亮台灣之光，耀眼全世界：國家同步輻射研究中心〉。台北：《物理》雙月刊41卷4期。

二 台灣光子源開創未來的光（2016.12）。台北：《科儀新知》。

三 魔磁學院光子源——磁之領域的專業顧問（2019）。未來科技館網站。取自：https://www.futuretech.org.tw

四 YUCHING WANG（2018.06.06）。基礎研究小故事——磁振造影 MRI。基礎研究的產業創新效果網站。取自：http://transdis.ntu.edu.tw

結語 追光，代代傳承

　　在國輻中心行光大樓三樓，有一處展示重要歷史及人物的長廊。2016 年 6 月 7 日，中心請來歷年七位主任、一位副主任，共八位主管參加，包括：陳履安、閻愛德、劉遠中、劉光霽、陳建德、梁耕三、張石麟、果尚志，一字排開，共同為歷史長廊揭幕。

　　這個歷史畫面，記錄了國輻中心從篳路藍縷到卓然有成的過程，更象徵代代傳承、再創佳績的精神。

　　這是一段追逐光的故事，也是追逐夢想與榮光的故事，而每段過程中遭遇的挫折與挑戰，都是實踐夢想必要的試煉。

持續跟自己賽跑

　　半個多世紀以來，台灣科學研究的土壤，從趨近貧瘠到長出參天大樹，並蔚然成林。經過四十多年深耕，國輻中心成為世界頂尖的同步加速器光源重鎮，照亮了科研之路，也見證了台灣基礎與應用科學的躍進。

數字會說話。國輻中心的台灣光源與台灣光子源，每年吸引約一萬兩千人次使用，涵蓋來自約二十個不同國家、350 個國內外研究團隊、2,300 位研究人員。以 2020 年為例，運用國輻中心光源設施發表於國際期刊的 SCI 學術文章已突破 470 篇，平均影響力指數高達 8.2，其中約有 40％發表在前百分之五的國際頂尖期刊，堪稱科學界的夢幻數據。

然而，科學的探索沒有止境，科研的競爭不會停歇，國輻中心要持續跟世界競爭，台灣的科學也不能停止。

問題是，下一步，應該往哪裡走？

「同步光源技術還在持續發展中，當前首要之務就是將現有光源發揮到最大功效，讓用戶更熟悉這些環境與儀器，理解台灣光子源的亮度比台灣光源增加一萬倍到一百萬倍，能夠充分發揮在哪些實驗與研究領域，」國輻中心主任羅國輝這麼說。

扮演提升國家競爭力的推手

對國輻中心來說，現有成果足以自豪，卻絕對不能自滿。未來，還有很長的路要走。

譬如，當務之急，是要完成三階段共二十六條光束線實驗設施的建造──目前，第一階段七條光束線已完成，開放用戶使用；第二階段十條光束線實驗設施建置已進入尾聲，第三階段九條光束線實驗設施則剛起步。此外，還

需要開發光束線核心關鍵元件與實驗技術，並優化設計、升級台灣光子源，例如：將發散度降低十倍至二十倍、亮度再提升一百倍。

至於長期而言，則是要持續觀察相關領域的國際發展趨勢，譬如，當前同步輻射社群高度關注的自由電子雷射技術，其中涉及光陰極電子槍、直線加速器、聚頻磁鐵等關鍵技術，便是國輻中心密切關注的項目。

「國輻中心成立的初衷，是滿足科學探索的需求，」羅國輝說，「只要預算資源允許，我們隨時可投入興建並提供服務。」

2016年，從籌建至今的歷屆主任共同為國輻中心歷史長廊揭幕。圖中左起：陳履安、閻愛德、劉遠中、劉光霽、陳建德、梁耕三、張石麟、果尚志。
（圖／國輻中心提供）

國輻中心每年都舉辦用戶年會暨研討會（上），推廣用戶成果並研發新技術，暑假則舉辦科普教育（下），讓同步輻射向下扎根。（圖／國輻中心提供）

對全球如此，對台灣亦然。放眼台灣政府推動的六大核心戰略產業——資訊安全、精準健康、綠能及再生能源、國防戰略、關鍵民生物資、資訊及數位產業，「國輻中心投入的研究、掌握的關鍵技術，都將有所助益，」羅國輝自信地說。

傳承開創未來的光

世界的經驗告訴我們，同步光源是基礎科學的重要基石，但它並非束之高閣、只可遠觀的科學，而是與生活緊密相關，舉凡食、衣、住、行，都可能有它的影子。

譬如，在台灣，有學者曾透過同步光源研究發現，改變米粉的奈米結構，將可讓它變得更加 Q 彈可口。

在國外，荷蘭阿姆斯特丹大學的研究團隊，利用歐洲同步光源研究發現，巧克力中的可可脂有六種結晶狀態，而其中一種影響口感的結晶，對應的熔點是攝氏 34 度，也就是人類口腔的溫度，製造出來的巧克力才能擁有滑順、入口即化的口感，進而改善巧克力生產工序，提升巧克力的質感、口感和外觀。

美國能源部發行的《Symmetry》電子期刊曾刊登一篇論文〈Chocolat à la particle accelerator〉，寫著這樣一句話：「當你嘴裡含著情人送的美味巧克力時，別忘了感謝同步加速器。」說明同步輻射與人們日常生活有著密不可分的絕妙關係。

　　隨著同步光源的應用日漸多元，國輻中心走過數十年歲月，從播種、萌芽、成長、茁壯，嘗到得來不易的甜美果實。

　　國輻中心能夠一路披荊斬棘走到現在，一言以蔽之，或許是因為，在這裡，每個人都有一個相同的信念：只要朝著有光的方向勇敢前行，前方的路一定會愈走愈遼闊。

　　眺望未來，「傳承，是最重要的事，」羅國輝相信，同步加速器的技術持續演進，從對待科學的初衷到蓄積研發的能量，都要一代一代傳承下去。

　　「同步輻射從基礎科學出發，有時很難預期或規劃，但它最大的價值在於，能夠持續開拓不同產業領域的應用，只要充滿好奇心，就會有許多意外的收穫，進而突破瓶頸、解決問題，成為提升國家競爭力的重要推手，」羅國輝為同步輻射的定位做了最好的注解。

跋 與光同行

完成這本書，也是我們的一趟追光之旅。

2002 年 7 月，同步輻射研究中心召開改制財團法人前最後一次指委會會議，副主任鄭士昶在會後向指委會執行祕書王松茂提議，希望進行台灣同步輻射籌建計畫口述歷史紀錄，王執祕欣然同意接受訪談；孰料幾個月後，訪談尚未啟動，卻意外接到這位陪著中心自八〇年代一路成長、令許多人尊敬的長官溘然辭世的消息。

那段期間，中心組織與設施進展快速。2003 年改制財團法人，2004 年董事會通過向政府提出第二座同步加速器台灣光子源興建計畫，這項大型計畫在往後十年凝聚中心所有心力邁步向前。雖知回顧歷史重要，但也只能在動工的機械聲與灰塵中暫擺一邊，繼續在激烈的科技競賽中追逐更亮的光。

當台灣光子源成功運轉，以嶄新面貌展現在世人面前時，許多人體認到，前人的篳路藍縷在台灣科技發展史上，其重要性與影響力是多麼浩大、深遠。該是時候整理他們走過的足跡了。

　　2015 年起，在國輻中心前主任果尚志與前主祕徐嘉鴻支持下，開始進行前輩的口述歷史訪談或演講整理，包含（敬稱略）：李遠哲、丁肇中、鄧昌黎、陳履安、閻愛德、劉遠中、鄭伯昆、鄭國川、張秋男、翁武忠、陳建德、梁耕三、張石麟、鄭士昶、張甯馨、王瑜、威尼克、韋德曼、張圖南共十九位國內外學者專家。

　　為將中心發展過程與前輩心血分享給更多不同世代或領域的讀者，在國輻中心現任主任羅國輝與主祕許瑤真推動下，透過與遠見天下文化合作，嘗試以深入淺出的文字介紹同步輻射和兩座光源興建歷程（第一部「世紀之光」），以及參與的重要科學家（第二部「追光的先行者」），同時綜合同步輻射應用（第三部「點亮台灣」），希望連結同步輻射與讀者熟悉的世界。

　　本書能付梓出版，感謝前述果主任、羅主任、徐主祕與許主祕，以及用戶行政與推廣室張夢書小姐與遠見天下文化的專業夥伴們，特別是協助彙整資料、撰稿的沈勤譽先生。由於本書涉及資料極為豐富，提及的各領域人士甚多，因此均直稱人名，若有說明需要，除了行政職銜或學術榮譽外，學界人士以教授、研究界人士以研究員敬稱。如有疏漏不足之處，敬請讀者包涵。

　　感謝口述歷史受訪的每位前輩，他們在回顧與同步輻射共舞的歲月時，神情真誠熱切，如一道道溫暖的光，這是本書背後最大的精神力量。

國家圖書館出版品預行編目(CIP)資料

追光之旅：你所不知道的同步輻射/許火順,
林錦汝著. -- 初版. -- 臺北市：遠見天下文化
出版股份有限公司, 2021.08
　面；　公分. -- (科學文化；BCS218)
ISBN 978-986-525-279-3(平裝)

1.同步輻射

339.4　　　　　　　　　　　110013606

BCS218 科學文化

追光之旅
你所不知道的同步輻射

作　者 — 許火順、林錦汝
採訪整理 — 沈勤譽
企劃出版部總編輯 — 李桂芬
主　編 — 羅德禎
責任編輯 — 羅玳珊、李美貞（特約）
美術設計 — 江儀玲（特約）
圖片提供 — 財團法人國家同步輻射研究中心

出版人 — 遠見天下文化出版股份有限公司
創辦人 — 高希均、王力行
遠見・天下文化・事業群　董事長 — 高希均
事業群發行人／CEO — 王力行
天下文化社長 — 林天來
天下文化總經理 — 林芳燕
國際事務開發部兼版權中心總監 — 潘欣
法律顧問 — 理律法律事務所陳長文律師
著作權顧問 — 魏啟翔律師
社址 — 台北市 104 松江路 93 巷 1 號
讀者服務專線 — 02-2662-0012｜傳真 — 02-2662-0007；02-2662-0009
電子郵件信箱 — cwpc@cwgv.com.tw
直接郵撥帳號 — 1326703-6 號　遠見天下文化出版股份有限公司

製版廠 — 中原造像股份有限公司
印刷廠 — 中原造像股份有限公司
裝訂廠 — 中原造像股份有限公司
登記證 — 局版台業字第 2517 號
總經銷 — 大和書報圖書股份有限公司｜電話 — 02-8990-2588
出版日期 — 2021 年 8 月 30 日初版一刷

定價 — NT500 元
ISBN — 978-986-525-279-3
書號 — BCS218
天下文化官網 — bookzone.cwgv.com.tw